8 Gesamthärte-Teststäbchen

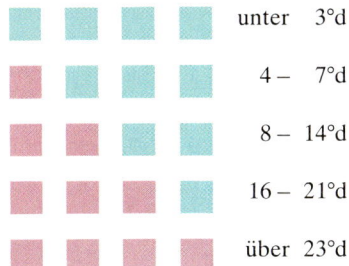

unter 3°d
4 – 7°d
8 – 14°d
16 – 21°d
über 23°d

1°d = 10 mg/l CaO = 17,8 mg/l $CaCO_3$

12 Zink-Teststäbchen

0   10   40   100   250   mg/l (ppm) Zink

13 Plumbtesmo-Papier

Blei und Bleiverbindungen färben das feuchte Testpapier von Weiß nach Rosa bis Tiefviolett, je nach der Bleikonzentration

9 Eisen-Teststäbchen

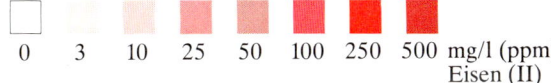

0   3   10   25   50   100   250   500   mg/l (ppm) Eisen (II)

10 Kupfer-Teststäbchen

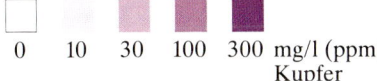

0   10   30   100   300   mg/l (ppm) Kupfer

11 Nickel-Testpapier

Nickel-Lösungen färben das weiße Testpapier rot

Die Tests 1, 2, 5, 6, 8, 9, 10 und 12 (mit Teststäbchen der Firma Merck) erlauben *halbquantitative Bestimmungen.* Sie liefern Information und Größenordnung über das Vorhandensein bestimmter Elemente oder Verbindungen. Mit den Tests 3, 4, 7, 11 und 13 (mit Testpapieren der Firma Macherey & Nagel) kann eine *qualitative Analyse* durchgeführt werden, also die Anwesenheit eines Elementes oder einer Verbindung bestimmt werden.

Chemischen Elementen auf der Spur

Georg Schwedt

Chemischen Elementen auf der Spur

Mit Tests für jedermann

Kosmos – Gesellschaft der Naturfreunde
Franckh'sche Verlagshandlung Stuttgart

Mit neun Schwarzweißzeichnungen im Text von Rolf Digel nach Vorlagen des Verfassers

Umschlagsgestaltung von Edgar Dambacher unter Verwendung eines Dias von Gesine Assmus

Den farbigen Buchvorsatz gestaltete Roswitha Goy

CIP-Kurztitelaufnahme der Deutschen Bibliothek

Schwedt, Georg:
Chemischen Elementen auf der Spur: Mit Tests für jedermann / Georg Schwedt. Kosmos, Ges. d. Naturfreunde. – Stuttgart: Franckh, 1985.
 ISBN 3-440-05568-X

Franckh'sche Verlagshandlung, W. Keller & Co., Stuttgart/1985
Alle Rechte, insbesondere das Recht der Vervielfältigung, Verbreitung und Übersetzung, vorbehalten. Kein Teil des Werkes darf in irgendeiner Form (durch Fotokopie, Mikrofilm oder ein anderes Verfahren) ohne schriftliche Genehmigung des Verlages reproduziert oder unter Verwendung elektronischer Systeme verarbeitet, vervielfältigt oder verbreitet werden.
© 1985, Franckh'sche Verlagshandlung, W. Keller & Co., Stuttgart
Printed in Germany / Imprimé en Allemagne / L 10 IN Hka / ISBN 3-440-05568-X
Gesamtherstellung: Brönner & Daentler KG, Eichstätt

Chemischen Elementen auf der Spur

1	Einführung	7
2	Grundlagen der Testmethode	9
3	Grundbegriffe zum Kreislauf chemischer Elemente	12

Schwefelkreislauf 21, Stickstoffkreislauf 24

4	Wasserstoff als Säure-Ion	26

Geschichtliches 26, Der pH-Wert des Wassers 28, pH-Werte in verschiedenen Wässern 31, pH-Werte im Boden 32, Säuren in Lebensmitteln 35, pH-Werte im Test 37

5	Stickstoff als Nitrat	38

Vorkommen 38, Gewinnung von Nitraten 39, Eigenschaften von Stickstoffoxiden, Salpetersäure und Nitraten 41, Geschichtliches 43, Verwendung 44, Nitrat im Boden 45, Nitrat und Nitrit im Wasser 47, in Pflanze, Tier und Mensch 48, Nitrat und Nitrit im Test 50

6	Stickstoff als Ammoniak	52

Vorkommen, Gewinnung 52, Eigenschaften, Geschichtliches 53, Verwendung 54, Ammoniak in Wässern 55, im Boden, in Pflanze, Tier und Mensch 56, Ammoniak im Test 57

7	Schwefel als Schwefelwasserstoff	58

Vorkommen 58, Gewinnung, Eigenschaften 59, Geschichtliches 60, Verwendung, Sulfid im Boden 61, Sulfid im Wasser 62, Wirkung auf Tier und Mensch 63, Schwefelwasserstoff im Test 64

8	Schwefel als Sulfat	64

Vorkommen 64, Gewinnung der Salze 65, Eigenschaften 66, Geschichtliches 68, Verwendung 69, Sulfat im Boden, im Waser 70, in Pflanze, Tier und Mensch 71, Sulfat im Test 72

9	Schwefel als Sulfit	73

Vorkommen 73, Gewinnung des Schwefeldioxids 74, Eigenschaften 75, Geschichtliches 76, Verwendung von Schwefeldioxid und Sulfiten 78, Sulfit im Boden und Wasser 78, Schwefeldioxid in der Luft 80, Physiologische Wirkungen von Schwefeldioxid und Sulfit 82, Sulfit im Test 84

10	Chlor und Chloride	85

Vorkommen von Chloriden 85, Gewinnung von Natriumchlorid 87, von Chlor 88, Eigenschaften von Chlor und Chloriden 89, Geschichtliches 90, Verwendung 91, Chlorung des Wassers, Chlor in Pflanze, Tier und Mensch 92, Chlor im Test 94

11	Die Erdalkalien Calcium und Magnesium	94

Vorkommen 94, Gewinnung der Metalle 97, des Kalkes 98, Eigenschaften 98, Geschichtliches 99, Verwendung 100, Calcium und Magnesium im Boden 102, Die Härte des Wassers 103, Vorkommen und Funktion in Pflanze, Tier und Mensch 105, Calcium und Magnesium im Test 106

12	Eisen	108

Vorkommen 108, Gewinnung 110, Eigenschaften 112, Geschichtliches 114, Verwendung 115, Eisen im Boden 117, im Wasser 118, in Pflanze, Tier und Mensch 119, Eisen im Test 123

13	Kupfer	124

Vorkommen 124, Gewinnung 126, Eigenschaften 129, Geschichtliches 131, Verwendung 133, Kupfer im Boden 134, im Wasser 135, in Pflanze, Tier und Mensch 136, Kupfer im Test 138

14	Nickel	139

Vorkommen 139, Gewinnung 140, Eigenschaften, Geschichtliches 142, Verwendung 144, Nickel im Boden 144, im Wasser 145, in Pflanze, Tier und Mensch 146, Nickel im Test 148

15	Zink	148

Vorkommen 148, Gewinnung 149, Eigenschaften 150, Geschichtliches 152, Verwendung 153, Zink im Boden 153, im Wasser 154, in Pflanze, Tier und Mensch 155, Zink im Test 156

16	Blei	157

Vorkommen 157, Gewinnung 158, Eigenschaften 159, Geschichtliches 160, Verwendung 161, Blei im Boden und in Schlämmen 161, im Wasser 162, in Pflanze, Tier und Mensch 163, Blei im Test 164

Glossar: Chemische Grundbegriffe	166
Literatur	170
Bezugsquellen	171
Sachregister	172

1 Einführung

Mit dem gestiegenen Umweltbewußtsein in unserer Zeit sind zunehmend chemische Stoffe wie Schwermetalle oder auch Säuren wie Salpeter- und Schwefelsäure (bzw. Stickoxide und Schwefeldioxid) in die Schlagzeilen der Tagespresse und damit in das Umfeld unseres täglichen Interesses gerückt. Einerseits entfalten diese Stoffe in vielen Fällen bereits in sehr niedrigen Konzentrationen unerwünschte bis schädliche Wirkungen in Böden, Wässern, in der Luft, in Pflanzen und Tieren und schließlich im Menschen; entweder auf direkten Wegen oder durch die Ernährung über die Futter- und Lebensmittel. Sie kommen andererseits aber auch in unserer *natürlichen*, der nicht vom Menschen geschaffenen bzw. nicht beeinflußten oder beeinflußbaren Umwelt vor.

Dieses Buch ist kein weiteres Buch über Umweltverschmutzungen. Es soll im Unterschied dazu neben den wichtigen umweltschutzrelevanten Gesichtspunkten ein *Gesamtbild* für einige wenige chemische Elemente vermitteln – bis hin zu ihrem Bild in der Geschichte und in unserer Sprache. Nur eine möglichst breite, umfassende Information über Fakten und Zusammenhänge bis in den wirtschaftlichen Bereich gewährleistet auch ein Verständnis für die Bedeutung dieser chemischen Elemente in unserer Umwelt. Sie liefert gleichzeitig eine – wenn auch begrenzte – Einführung in die Chemie dieser Elemente.

Zum Verständnis der Texte werden *Grundkenntnisse* über Säuren, Basen, Salze, über die Vorgänge der Oxidation und Reduktion sowie zu den Begriffen Ionen, Atome, Moleküle vorausgesetzt – wie sie in den ersten zwei Jahren des Chemieunterrichts vermittelt werden. Im Glossar werden die wichtigsten Begriffe zur Wiederholung noch einmal kurz erläutert.

Daten über Gehalte chemischer Elemente bzw. von deren Verbindungen bilden heutzutage vielfach die Grundlagen für politische, juristische, medizinische, ökologische und auch technisch-wissenschaftliche, d. h., industrielle Entscheidungen. Sie betreffen nicht nur die Wiederherstellung und Erhaltung der Qualität von Luft, Wasser oder von Lebensmitteln, sondern insgesamt die »Qualität unseres Lebens«.

Für diese Entscheidungen sind exakte Daten erforderlich, die nur mit zum Teil sehr teuren und komplizierten Geräten mit der notwendigen Zuverlässigkeit und Richtigkeit in den analytisch-chemischen Laboratorien erzielt werden können. Für Vorentscheidungen jedoch sind sehr einfach zu handhabende Tests entwickelt worden. Mit diesen Tests läßt sich feststellen, ob beispielsweise gesetzlich festgelegte Grenz- oder Richtwerte überschritten und damit exakte Laboranalysen erforderlich sind, oder ob ein bestimmtes Element in unserer Umwelt vorhanden ist. Man kann also einerseits eine *qualitative Analyse* durchführen, d. h., Elemente und ihre Verbindungen nachweisen. Andererseits erlauben diese Tests die *halbquantitative Bestimmung* der Elemente und ihrer Verbindungen, beispielsweise die Größenordnung einer *Stoffkonzentration* in Wässern. Diese Tests in Form von Testpapieren oder Teststäbchen ersetzen nicht die Laboranalysen. Sie können aber die Zahl dieser kosten- und zeitaufwendigen Analysen durch Vorentscheidungen verringern helfen, bzw. gezielte Untersuchungen anregen. Die Tests haben auch in der halbquantitativen Form nicht den Zweck, die Flut von Umweltdaten zu vermehren. Sie liefern *keine Daten*, sondern lediglich *Informationen über Größenordnungen* bzw. über das *Vorhandensein bestimmter Elemente* oberhalb je nach Test unterschiedlicher Konzentrationen.

Die Auswahl der in diesem Buch behandelten Elemente wurde von den zur Zeit im Handel erhältlichen Testpapieren und Teststreifen bestimmt. Außerdem wurden die Tests auf diejenigen beschränkt, die weitgehend ohne zusätzliche Chemikalien angewendet werden können. Mit dieser Art chemischer Analysen führen wir somit unserer Umwelt, vor allem dem Wasserkreislauf, keine weiteren möglicherweise schädlichen Stoffe zu – ein wichtiges Argument für umweltbewußte chemische Experimente. Die Anwendungen der Tests haben zum Ziel, chemische Elemente in den verschiedensten Formen ihres Vorkommens, als reines Element und in den Verbindungen, in der Umwelt zu erkennen, nicht nur unter umweltschützenden, sondern vor allem auch unter wertneutralen umwelterkennenden Gesichtspunkten.

Der Bogen der Darstellungen zu den einzelnen Elementen ist daher weit gespannt – er reicht von Angaben zum Vorkommen auf der Erde, zur technischen Gewinnung des Elementes über dessen chemische und physikalische Eigenschaften bis zu Beschreibungen des Vorkommens und Verhaltens des Elementes bzw. dessen Verbindungen im Boden, im Wasser, in der Luft, in Pflanze, Tier und Mensch.

Diese möglichst breit angelegten Darstellungen sollen – auch ohne den Einsatz der Tests – das Verständnis für den gesamten *Kreislauf chemischer Elemente* wecken, für Zusammenhänge zwischen dem Vorkommen, den chemischen Eigenschaften, der technischen Nutzung und den lebensfördernden oder auch -schädigenden Wirkungen auf unserer Erde, unserer Umwelt im weitesten Sinne des Begriffes.

Die einzelnen Abschnitte »Das Element im Test« enthalten einerseits erprobte Beispiele für die Anwendung der beschriebenen Testpapiere und Teststäbchen, sie geben andererseits aber auch Anregungen für weitere eigenständige Untersuchungen auf der Grundlage der vorher zum Element vermittelten Einzelheiten und Zusammenhänge.

Eine Zusammenstellung der benutzten, wissenschaftlichen – auch in Stadt- und Landesbibliotheken – allgemein zugänglichen Literatur (– steht in den Lesesälen –) sowie der Bezugsquellen für die behandelten Testpapiere und Teststäbchen befindet sich am Ende des Buches.
Chemische Zusammenhänge in einzelnen Systemen (wie Boden oder Wasser) und in der Gesamtheit zu erkennen, das Vorkommen chemischer Elemente festzustellen sowie eigene umwelt- und praxisbezogene Fragestellungen zum Vorkommen und Verhalten dieser Elemente mit Hilfe einfacher Tests, die *nicht* durch die Verwendung von giftigen Chemikalien ihrerseits zur Umweltverschmutzung beitragen, sind die wesentlichsten Zielsetzungen dieses Buches.

2 Grundlagen der Testmethode

Eine sehr alte mikrochemische Untersuchungsmethode, die sowohl sehr geringe Mengen an Chemikalien als auch an zu analysierendem Probenmaterial benötigt, ist die *Tüpfelanalyse*.
Bereits im 17. Jahrhundert betupfte = »tüpfelte« der englische Physiker und Chemiker Robert BOYLE (1627 bis 1691), einer der Gründer der Royal Society (of Sciences), ein mit dem bekannten Pflanzenfarbstoff Lackmus getränktes Papier mit einem Tropfen einer Probelösung zur Unterscheidung von Säure und Lauge (Base). Säuren färben den Lackmusfarbstoff rot, Basen blau. BOYLE ist somit der Entdecker des Lackmus-Papiers, dem Vorläufer aller heutigen pH-Indikator-Papiere.
Die moderne Tüpfelanalyse wurde von dem Wiener Chemiker Fritz FEIGL begründet, der 1938 emigrierte und in Rio de Janeiro ein mikrochemisches Laboratorium leitete. Das Grundsätzliche der Tüpfelanalyse besteht darin, daß durch sehr empfindliche, mit dem Auge erkennbare chemische Umsetzungen geringe Mengen an Elementen (meist Ionen) oder Verbindungen erkannt werden können. Diese Umsetzungen sprechen meist nur auf einen Stoff oder wenige Stoffe an. Die Elemente oder Verbindungen werden überwiegend durch *Farbreaktionen* (Farbänderungen) erkennbar.
Diese Reaktionen führt man jedoch nicht, wie sonst üblich, in Reagenzgläsern oder noch größeren Gefäßen in Lösungen von mehreren Millilitern durch. Sie erfolgen entweder auf kleinen weißen Porzellanplatten (den *Tüpfelplatten*) in kleinen Mulden, die nur wenige tausendstel Milliliter

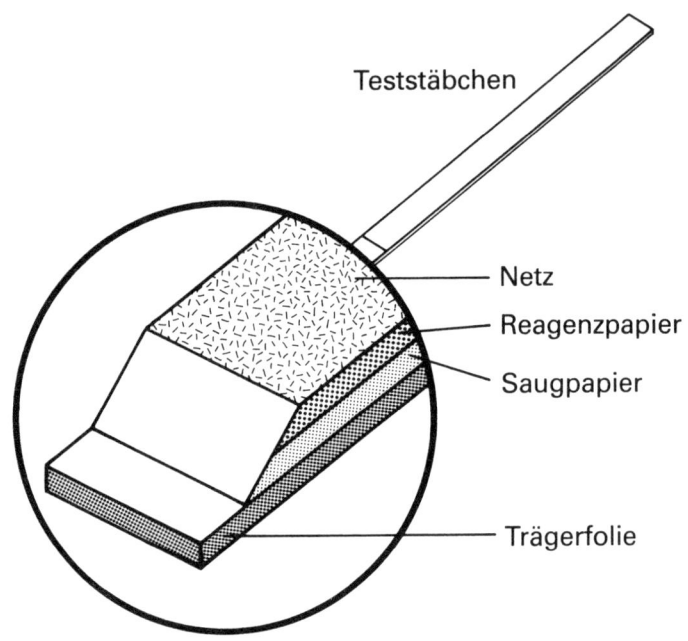

Vergrößerung der Testzone eines Teststäbchens

Abb. 1: Aufbau eines Teststäbchens. Auf einer Trägerfolie aus Kunststoff sind eine oder mehrere Testzonen im Quadrat aufgeklebt.

aufnehmen können, oder, wie beschrieben, auf Filterpapieren, die mit Chemikalien getränkt (*imprägniert*) sind.
Aufgrund dieser sehr einfach zu handhabenden Analysentechnik ohne Analysen- und Meßgeräte wurden in den letzten zehn bis zwanzig Jahren auch kommerziell erhältliche Testpapiere und Teststreifen entwickelt: Eine zu analysierende Probelösung wird mit dem Filterpapier in Kontakt gebracht, das mit den für den Nachweis erforderlichen Reagenzien (Chemikalien) imprägniert wurde.
Neben den Testpapieren, die mit Reagenzlösungen imprägniert sind, werden in letzter Zeit auch Teststreifen entwickelt. *Abb. 1* zeigt den verallgemeinerten Aufbau eines solchen Teststreifens: Auf einer Trägerfolie aus Kunststoff

sind eine oder mehrere Testzonen von 5 mm im Quadrat aufgeklebt, oder bei aufwendigeren Teststäbchen aus Saugpapier, Reagenzpapier und einer Netzeinsiegelung zusammengesetzt. Die Reagenzpapiere enthalten alle für eine spezielle Nachweisreaktion benötigten Chemikalien in einer standardisierten und stabilisierten Form – und in äußerst geringen Mengen. Bei der Netzeinsiegelung werden die Testzonen vor Verunreinigungen und auch vor einem Abrieb der Chemikalien geschützt. Die Probelösung kann gleichmäßig in das Reagenzpapier eindringen, da bei dieser Konstruktion das Reagenzpapier mit Saugpapier unterlegt werden kann.

Die Untersuchungen mit solchen Teststäbchen werden wie folgt durchgeführt: Das Teststäbchen wird kurz – etwa ein bis zwei Sekunden – in die zu untersuchende Lösung eingetaucht, wobei die Testzone voll von der Flüssigkeit benetzt werden muß. Beim Herausnehmen des Teststäbchens bzw. -streifens wird die überschüssige Flüssigkeit entweder abgestreift oder vorsichtig abgeschüttelt. Je nach der Schnelligkeit der chemischen Umsetzung erfolgt nach wenigen Sekunden oder auch erst nach einigen Minuten ein Vergleich der Farbe auf der Testzone mit der Farbskala im Buchvorsatz. Nach der Stärke oder dem Farbton der jeweiligen Färbung kann eine Zuordnung der Konzentrations-Größenordnung vorgenommen werden.

Um Fehler bei dieser sehr einfachen Handhabung so vollständig wie möglich ausschließen zu können, sind die Vorschriften in den einzelnen Kapiteln genau einzuhalten. Werden solche Teststreifen unkritisch angewendet, so können vor allem folgende nachteilige Folgen eintreten:

- Wird der Teststreifen zu lange in die zu untersuchende Lösung gehalten, so kann ein Teil der Chemikalien ausgewaschen werden. Da sich damit die Konzentration in der angefeuchteten Testzone ändert, kann die Farbreaktion schwächer ausfallen, als sie der Stoffkonzentration in der Probelösung entsprechen müßte.
- Hält man die Teststreifen unter fließendes Wasser, so können die nachzuweisenden Ionen einerseits in der Testzone angereichert werden – ein zu hohes Ergebnis ist die Folge. Andererseits können die Chemikalien aber auch ausgewaschen werden, wie bei einem zu langen Eintauchen.
- Vergleicht man die Farbe des Teststreifens zu früh mit der beigefügten Farbskala, so fallen die Ergebnisse zu niedrig aus, die Nachweisreaktion ist noch nicht vollständig abgelaufen.
- Ist die vorgeschriebene *Ablesezeit* überschritten, so können zum Beispiel auch Luftverunreinigungen, der Lichteinfluß und die Temperatur zu Verfälschungen führen.

Aus diesen Gründen sollten die Teststäbchen auch stets unter Verschluß gehalten werden.

Die Ergebnisse, d. h. die Größenordnungen der vorliegenden Stoffkonzentration, werden in Milligramm (tausendstel Gramm) je Liter (Abkürzung mg/l) oder auch in ppm (»parts per million«: Gewichtsteile im Verhältnis eins zu einer Million, also z. B. ein Milligramm ist ein millionstel Teil eines Kilogramms, also ein ppm) angegeben.

Mit solchen Teststreifen lassen sich Konzentrationen ab etwa 1mg/l = 1 ppm erkennen. Sie erlauben einen schnellen orientierenden Vortest oder Suchtest auf ein bestimmtes Element bzw. auf bestimmte Verbindungen, die meist in Ionenform vorliegen müssen, in Kombination mit einer *halbquantitativen Bestimmung der Konzentration*.

Solche Tests werden vor allem in der Umweltanalytik, in großem Umfang ganz besonders in der *Feldanalytik* eingesetzt, wo direkt am Ort der Probe – z. B. an einem Bach oder Teich, auf einem Feld u. ä. Orten – die Untersuchung durchgeführt wird. Aber auch in Laboratorien werden diese Tests eingesetzt, um über die Notwendigkeit einer exakten, quantitativen Analyse schnell und mit geringen Kosten entscheiden zu können.

3 Grundbegriffe zum Kreislauf chemischer Elemente

Die chemischen Elemente, aus denen unsere Erde aufgebaut ist, liegen vorwiegend in Verbindungen untereinander oder seltener auch in elementarer, gediegener Form vor. Sie sind an der Erdoberfläche, in der obersten Zone (der *Erdkruste*) und auch weiter im Inneren der Erde (im *Erdmantel*) zu finden.

Vor etwa drei Milliarden Jahren begann die Entwicklung des Lebens in den Meeren, die auch heute noch über 97 % der gesamten Wasservorräte ausmachen. Zu jenen Urzeiten waren die Meere noch salz- und auch metallarm, also sowohl stoff- als auch konzentrationsarm. Im Verlauf der Geschichte von Erde und Leben wurden die Elemente immer mehr in Bewegung gesetzt. Es begann eine Verteilung auf das Wasser, auf die Atmosphäre und schließlich auf die Lebewesen. Die Erdkruste, die Wasservorräte der Erde und die Lebewesen der Erde selbst verursachen einen *Kreislauf chemischer Elemente*, der im folgenden schematisch und an einigen Beispielen auch etwas ausführlicher beschrieben werden soll. Wenn wir in den folgenden Kapiteln dann die einzelnen Elemente behandeln, wird immer

dieser natürliche und auch der durch den Menschen hervorgerufene oder beeinflußte (*anthropogene*) Kreislauf eine wichtige Rolle zum Verständnis des Vorkommens und der Bedeutung chemischer Elemente in unserer Umwelt spielen. Stoffeigenschaften wie die Löslichkeit chemischer Stoffe im Wasser und die Ursachen von Stoffbewegungen haben eine meßbare Konzentration eines Elementes im Wasser, im Boden, in der Luft, in Mikroorganismen, Pflanzen, Tieren und schließlich im Menschen zur Folge.
Die ersten Lebewesen bzw. Formen des Lebens in den Meeren bestanden zunächst nur aus wenigen Elementen, wobei Kohlenstoff, Wasserstoff, Sauerstoff, Stickstoff zu den Grundbausteinen gehörten. In der Weiterentwicklung konnten sich die Organismen nicht nur der zunehmenden Zahl und Konzentration von Elementen im Meer anpassen, sie bezogen einige Elemente sogar in ihren Stoffwechsel ein. Diese Elemente werden heute als lebensnotwendige, *essentielle Elemente* bezeichnet.

Die am häufigsten an der Erdoberfläche vorkommenden Elemente lassen sich nach unserem heutigen Wissen in ihrer Wirkung auf das Leben zunächst vereinfacht in drei Gruppen einteilen:
1. **Die für das Leben wichtigen Elemente**
   a) als *Grundbausteine organischer Stoffe*: Kohlenstoff, Wasserstoff, Stickstoff, Phosphor, Schwefel,
   b) als *Mineralstoffe*: Natrium, Kalium, Calcium, Magnesium, Chlor sowie Phosphor und Schwefel,
   c) als essentielle Elemente, die nur in Spuren benötigt werden (als *Spurenelemente*); im engeren Sinne: Eisen, Cobalt, Kupfer, Mangan, Molybdän, Zink, Iod, als weitere Elemente, die nur für bestimmte Organismen, meist Mikroorganismen, (oder Stoffwechselvorgänge) lebensnotwendig sind: Nickel, Selen, Zinn, Chrom, Vanadium, Fluor (mit fraglicher Funktion auch Aluminium, Titan und Gold).
2. **Unkritische Elemente**, die weder vom Leben benötigt werden noch als Gifte wirken
   a) Lithium, Rubidium, Strontium, Bor, die Edelgase Helium, Argon, Neon, Xenon,
   b) unkritisch, weil sie sehr selten sind und außerdem in unlöslicher Form auf der Erde vorkommen: Barium, Hafnium, Zirkonium, Wolfram, Niob, Tantal, Rhenium, Gallium, Lanthan, Osmium, Rhodium, Iridium, Ruthenium.
3. **Giftige und auch lösliche Elemente**, d. h. für Lebewesen verfügbar
   a) Arsen, Beryllium, Blei, Cadmium, Quecksilber, Thallium,
   b) Cobalt, Nickel, Kupfer, Zink, Zinn, Selen, Gold, Fluor, Aluminium,
   c) Tellur, Palladium, Silber, Platin, Antimon, Bismut.

Ein Vergleich zwischen den Gruppen der für das Leben wichtigen Elemente und den giftigen (*toxischen*) Elementen zeigt, daß eine Reihe von ihnen in beiden Gruppen aufgeführt ist. Im Unterschied zu den bereits in sehr niedrigen Konzentrationen giftig wirkenden Elementen der Gruppe **3a** zeigen sie jedoch erst in höheren Konzentrationen oder auch nur bei speziellen Organismen eine schädliche Wirkung auf das Wachstum (Gruppe **3b**).

Aber auch bei den uns als giftig bekannten Elementen der Gruppe **3a** wurden vereinzelt – wiederum nur bei bestimmten Organismen – auch lebensnotwendige Wirkungen, wenn auch sehr spezielle, vermutet oder sogar festgestellt. Die vorgestellte Einteilung der wichtigsten Elemente nach ihrem Nutzen ist daher nur mit Einschränkungen möglich und vom Stand der Forschung abhängig. Sie vermittelt trotzdem eine erste Orientierung über die wichtigsten der bis heute über 100 bekannten chemischen Elemente auf unserer Erde.

Die je nach Konzentration unterschiedlichen Wirkungen von lebensnotwendigen und giftigen Elementen auf das Wachstum von Lebewesen jeglicher Art zeigt *Abb. 2*.

Ein als giftig beschriebenes Element wirkt bereits bei niedrigster Konzentration als Gift und damit wachstumshemmend – im Boden, im Wasser, in der

Abb. 2: Die Grafik zeigt die unterschiedlichen Wirkungen – je nach Konzentration – von lebensnotwendigen und giftigen Elementen auf das Wachstum von Lebewesen jeglicher Art.

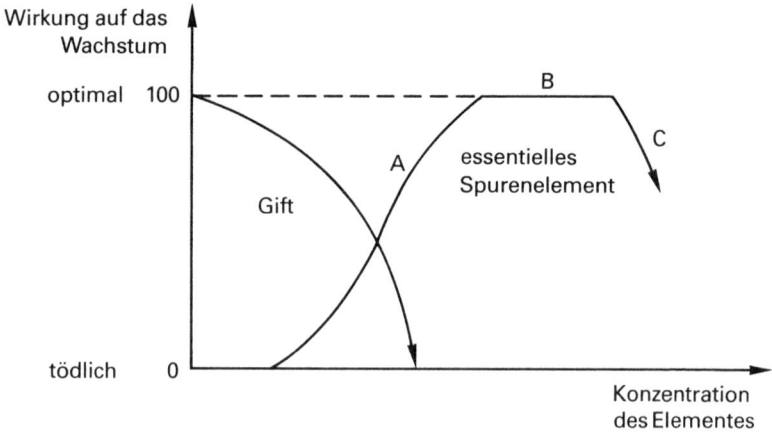

Luft, in der Nahrung – mit schließlich bei höheren Konzentrationen tödlicher Wirkung. Auch bei einem an sich unkritischen Element kann in hohen Konzentrationen eine Giftwirkung auftreten. Die als unkritisch bezeichneten Elemente der Gruppe **2a** kommen aber so selten auf der Erdoberfläche vor und sind zudem in der dort vorliegenden Form so wenig in Wasser löslich, daß sie deswegen als unkritisch bezeichnet werden können.

Bei einem lebensnotwendigen Element können die Organismen nur wachsen, wenn Spuren des Elementes in dessen Umgebung vorhanden und auch *verfügbar*, d. h. vom Organismus aufnehmbar sind. Bei zu niedrigen Konzentrationen (Bereich A in *Abb.* 2) ist das Wachstum verzögert, Zwergwuchs kann beispielsweise die Folge sein, es liegt ein *Mangel* am jeweiligen essentiellen Element vor. Auf der anderen Seite können zu hohe Konzentrationen, nachdem ein für das Gedeihen optimaler Bereich (Bereich B) überschritten ist, auch giftig wirken (Bereich C). Beispiele dafür, die wir später noch ausführlicher kennenlernen werden, bilden die Schwermetalle Kupfer, Nickel, Zink und andere.

Abb. 3 zeigt uns nun die *Stoffkreisläufe (Zyklen)* von Elementen in einer schematischen Darstellung. Sie beinhaltet geologische, chemische und biochemische Vorgänge, die schließlich zu einem mehr oder weniger geschlossenen Kreislauf führen.

Aus dem *Tiefengestein* unserer Erde werden Elemente wie Schwefel bzw. deren Verbindungen und auch Metalle über Vulkane in der Folge von *Eruptionen*, den vulkanischen Ausbrüchen von Lava, Asche, Gas und Dampf, freigesetzt. Von Bedeutung ist diese Freisetzung vor allem für die unmittelbare Umgebung solcher aktiver Vulkane.

Auf die *Gesteinskruste* der Erde wirken weiterhin starke Kräfte ein, Bewegungen im Erdinnern, Wechselwirkungen mit dem Wasser und der Atmosphäre. Dadurch werden Minerale und Gesteine zerteilt, zersetzt, d. h. in andere Verbindungen umgewandelt, abgebaut und schließlich im Wasser gelöst oder in Form feinster Teilchen weggeschwemmt. Diese Prozesse einer natürlichen Zerstörung von Gestein an oder nahe der Erdoberfläche werden als *Verwitterung* bezeichnet. Sie tragen ebenfalls zum Stoffkreislauf der Elemente, zum *natürlichen Kreislauf* bei.

Die gelösten oder aufgeschwemmten Stoffe werden nun von den Flüssen transportiert und können zum Teil bis in die Meere gelangen. In den Flüssen spielen sich wieder Vorgänge ab, die ebenfalls zum natürlichen Kreislauf der Elemente gehören: Werden gelöste Stoffe von größeren, durch die Strömung mitgerissenen Teilchen festgehalten (*adsorbiert*) und vereinigen sich diese mitgerissenen Partikel zu noch größeren Teilchen, so können sich diese – z. B. an Stellen geringer Strömung – am Grunde des Flusses absetzen. Dieser

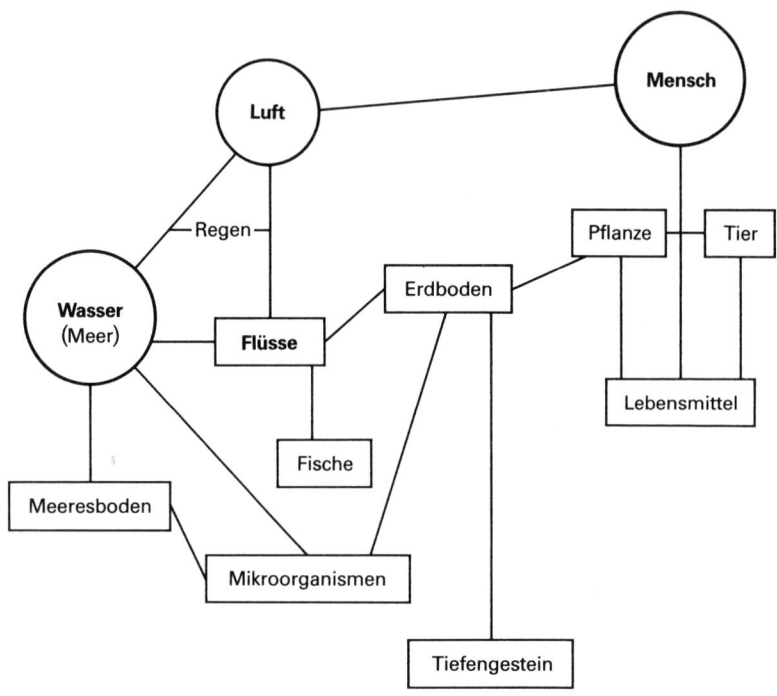

Abb. 3: Schematische Darstellung der Stoffkreisläufe (Zyklen) von Elementen.

Ablagerungsvorgang wird von den Fachleuten als *Sedimentation* bezeichnet – auf diese Weise geraten z. B. auch Schwermetalle, die unter anderem aus Abwässern stammen können, in die Flußsedimente und auch auf den Meeresboden in Küstennähe.

Kehren wir zum *Erdboden*, der dünnen obersten Verwitterungsschicht unserer Erde zurück, die nicht vom Wasser wegtransportiert wurde. Sie enthält nicht nur anorganische Verwitterungsprodukte, sondern unzählige Lebewesen, von den Mikroorganismen bis zu den Würmern. Im Boden spielen sich zahlreiche chemische und biochemische Vorgänge ab, die entscheidend zum allgemeinen Stoffkreislauf beitragen. Aus den Elementen werden dort organische Substanzen wie Kohlenhydrate und Eiweißstoffe aufgebaut, die Elemente der Gruppe **1 a** werden zunächst »verbraucht« – und zwar für die Bausteine der Organismen sowie für ihren *Stoffwechsel*, also auch zur Energiegewinnung. Der entgegengesetzte Vorgang, der Abbau organischer Substanz – nach dem Absterben der Organismen – bis hin zu den anorganischen Ausgangsstoffen und schließlich zu den Elementen, wird als *Mineralisierung* bezeichnet. Bei intensiver Nutzung von Böden als Äcker und Weiden, wobei die Pflanzen, die *Biomasse*, dem Boden entnommen und verwertet werden, müssen die für ein weiteres optimales Wachstum erforderlichen Mineralstoffe vom Menschen als Mineraldünger wieder zugeführt werden.

Im Erdboden können auch Veränderungen und Umsetzungen auf dem Wege über Mikroorganismen stattfinden, die zu flüchtigen Verbindungen führen: z. B. zum Stickstoff oder zu Stickstoffoxiden, zu Schwefelwasserstoff, beim Quecksilber zum Dimethylquecksilber u. a., die aufgrund ihrer leichten *Verdampfbarkeit* (Flüchtigkeit) in die Luft übergehen. In der Atmosphäre selbst spielen sich unter der Einwirkung der Sonnenstrahlen komplizierte chemische Umsetzungen ab, vor allem durch den Eingriff des Menschen – über die Verfeuerung von Brennmaterialien und durch die industriellen Tätigkeiten. Der Regen führt zahlreiche Stoffe wieder dem Boden, den Flüssen, Meeren und auch den Oberflächen der Pflanzen zu. Die mit dem

Abb. 4: Emission und Immission.

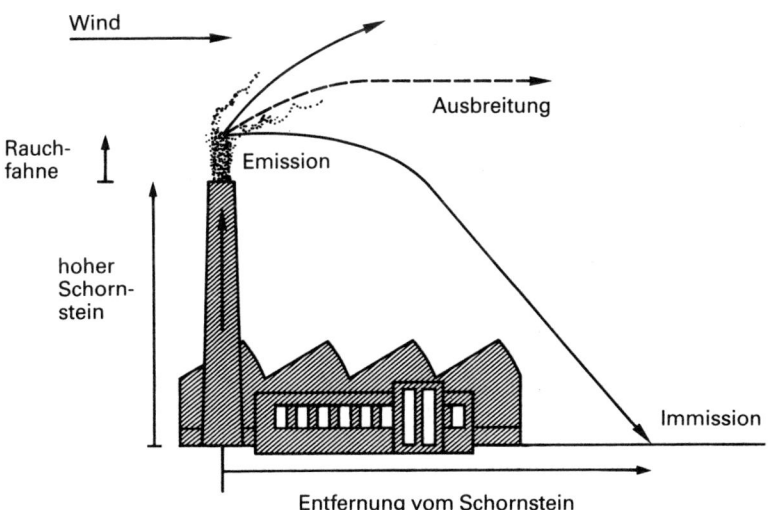

Regen auf die Erde gelangenden Stoffe werden *Naßdeposition* genannt. Die Stoffmengen, die direkt als Gase, Dämpfe oder Stäube einen Schornstein verlassen, werden als *Emission* bezeichnet (*Abb. 4*). Die Stoffe, die davon als bodennahe Schadstoffbelastung in der Nähe eines *Emittenten* sich wieder niederschlagen, werden *Immission* genannt – Vorgänge, die in unserer Zeit besonders große Probleme und Aktivitäten (auch politischer Art) hervorrufen. Damit haben wir in besonders deutlicher Weise die natürlichen Kreisläufe verlassen und die durch den Menschen beeinflußten Kreisläufe angesprochen.

Abb. 5 und 6 zeigen an zwei Beispielen die unterschiedliche Herkunft und auch die unterschiedliche Zunahme der atmosphärischen Emissionen für die Metalle Blei und Nickel, die im einzelnen auch in diesem Buch in gesonderten Kapiteln behandelt werden (s. S. 161 u. 144).

Die Emissionen unterscheiden sich zunächst einmal in den Absolutwerten: die Bleiemissionen sind in der Summe zehnmal so hoch wie die des Nickels. Außerdem weist der Anteil an natürlichen Emissionen große Unterschiede auf – ein Drittel der Nickel-Emissionen kommt auf natürlichen Wegen, aus Waldbränden und vulkanischen Aktivitäten, in die Atmosphäre, wogegen diese natürlichen Emissionsquellen für Blei kaum eine Rolle spielen.

Die Hauptemissionsquelle ist beim Blei die Benzinverbrennung, beim Nickel dagegen die Ölverfeuerung. In den Filterstäuben ölgefeuerter Kessel findet sich etwa 1 % Nickel.

Die natürlichen Emissionen des Nickels sind genauso groß wie die durch die Ölverfeuerung. Die Abfallverbrennung als Emissionsquelle hat beim Nickel eine größere relative Bedeutung als beim Blei. Bei der Kohleverbrennung sieht es umgekehrt aus.

Die Erzaufbereitung schließlich hat bei beiden Metallen einen etwa gleich großen relativen Anteil an der atmosphärischen Gesamtemission.

Auch die Zunahme der Emissionen zeigt zeitliche Unterschiede bei diesen Metallen: Beim Blei führte die Verwendung im Benzin seit Mitte der zwanziger Jahre zu einem sprunghaften Anstieg. Die Nickel-Emissionen stiegen erst deutlich in den fünfziger Jahren, als das Öl intensiver als Energiequelle genutzt wurde.

Diese beiden Beispiele haben gezeigt, wie unterschiedlich die Emissionsanteile aus den natürlichen Quellen (wie Vulkanen, Waldbränden) und den durch den Menschen geschaffenen Quellen für verschiedene Metalle sein können – sowohl von den absoluten Mengen als auch den Verhältnissen in den einzelnen Anteilen sowie den zeitlichen Verläufen.

Natürliche und durch den Menschen bedingte Veränderungen in Böden und in Flußsedimenten können weiterhin zur Folge haben, daß schwerlösliche Verbindungen in lösliche umgewandelt, d. h., daß die Metalle mobilisiert

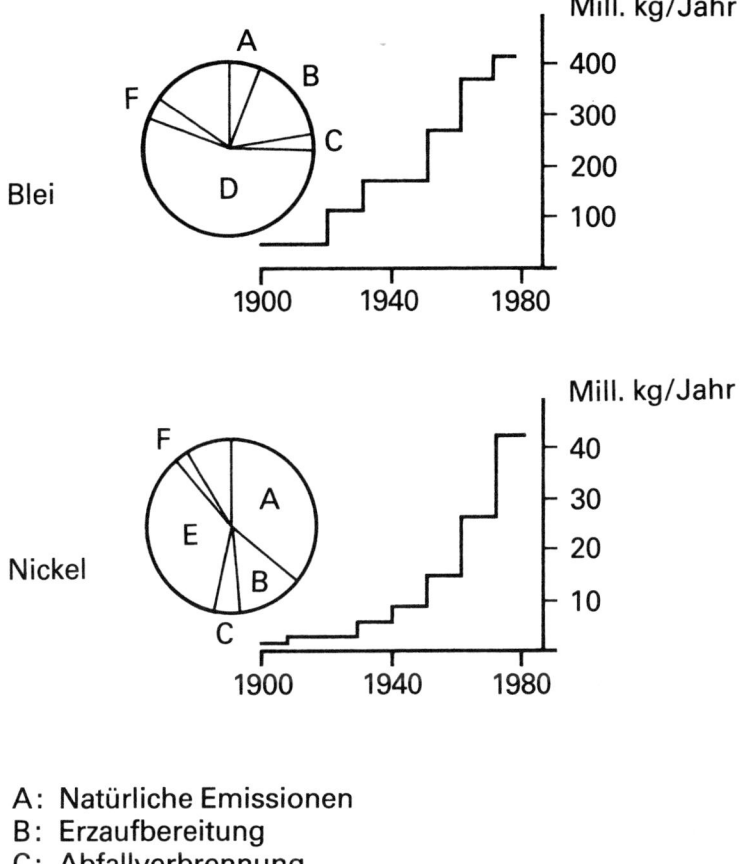

A: Natürliche Emissionen
B: Erzaufbereitung
C: Abfallverbrennung
D: Benzinverbrennung (58%)
E: Ölverbrennung (37%)
F: Kohleverbrennung

Abb. 5/6: Die beiden Beispiele zeigen die unterschiedliche Herkunft und Zunahme der atmosphärischen Emissionen für die Metalle Blei und Nickel.

werden oder daß festgehaltene (*adsorbierte*) Stoffe (wie Ionen), vor allem auch Nährstoff-Ionen ausgewaschen werden. *Auswaschung* und *Mobilisierung* tragen ebenfalls zum Stoffkreislauf bei.
Der Stoffhaushalt solcher *Ökosysteme*, die sich aus dem Zusammenwirken von Lebewesen (dem *Biotop*) und Lebensgemeinschaft (der *Biozönose*), aus anorganischer (unbelebter) und organischer (belebter) Natur entwickeln, bildet sowohl einen natürlichen Kreislauf von Stoffen als auch von Energiefreisetzungen und -umwandlungen – ein natürliches Gleichgewicht, das empfindlich auf Eingriffe, auf Störungen reagieren kann.

Wenden wir uns nun besonders den Lebewesen unserer Erde zu – wir kommen damit zu den Nahrungsketten. Eine *Nahrungskette* beginnt mit den Nährstoffen, die von Pflanzen (an Land) und Algen (im Meer) in organische Substanz umgewandelt werden. In der nächsten Stufe werden Pflanzen und Algen von höheren Organismen gefressen, als Nahrung für ihren eigenen Stoffwechsel weiter verwendet, da sie nicht in der Lage sind, aus anorganischen Stoffen, aus den Elementen, organische Substanz aufzubauen. Diese Nahrungsketten spielen vor allem in der *Anreicherung* (*Akkumulation* oder *Bioakkumulation*) von z. B. Schwermetallen eine wichtige Rolle. Algen, aber auch Quallen, Muscheln, Austern vermögen die sehr geringen im Meer gelösten Schwermetallsalze aufzunehmen und zur tausendfachen und noch höherer Konzentration als im umgebenden Wasser zu speichern. Über die Fische gelangen die Schwermetalle in die Lebensmittel und damit zum Menschen.
Diese Nahrungsketten im Meer und in Flüssen oder Seen sind *aquatische Nahrungsketten*. Beispiel: Phytoplankton → Zooplankton → kleine Fische → Raubfische → Menschen – eine relativ lange Kette, die wegen der Zahl an Stufen beträchtliche Energieverluste mit sich bringt. Aus 1000 Kilogramm Phytoplankton kann der Mensch am Ende der Kette nur 1 Kilogramm verwerten.
Die Nahrungsketten auf der Erde, die *terrestrischen Nahrungsketten*, haben kleinere Gliedzahlen, z. B. Gras → Kuh → Mensch. Wegen dieser wenigen Stufen ist diese Nahrungskette besonders ergiebig. In der freien Natur können auch verschiedene Nahrungsketten nebeneinander ablaufen. Im Hinblick auf die Anreicherung von Schadstoffen wie Schwermetallen spielt die Länge eine wichtige Rolle. Je kleiner die Gliederzahlen um so geringer auch der Anreicherungsgrad. Als zentrale Brücke zwischen beiden Nahrungsketten steht der Boden, der Stoffe an das Wasser – an die aquatische Kette – und an die Pflanzen – an die terrestrische Kette – abgeben kann.
Zwischen den anorganischen (unbelebten) und organischen (belebten) Systemteilen der Natur wechseln Stoffe – chemische Verbindungen oder

Elemente (z. B. als Ionen) – hin und her, man spricht daher von *biogeochemischen Zyklen*.
Blicken wir auf die schematische Darstellung dieser biogeochemischen Zyklen zurück, so sehen wir am Ende aller Kreisläufe den Menschen. Der Mensch nimmt jedoch nicht nur Stoffe, nämlich die Lebensmittel (einschließlich des Trinkwassers) und die Luft als Atemluft in sich auf. Er greift auch in diese Kreisläufe ein, besonders aktiv und massiv in den letzten 100 Jahren:
Die Luftemissionen aus Kohle- und Ölverbrennung, aus der Zementindustrie, aus den Verhüttungsanlagen sind einige Beispiele. Die Mobilisierung von Metallen durch den Erzbergbau ein weiteres. Abwässer stören die Stoffgleichgewichte in den Gewässern, sie führen zu vermehrten Ablagerungen (*Sedimenten*) oder auch zur Mobilisierung vorher abgelagerter Stoffe. Solche Mobilisierungen können auch in Müllhalden stattfinden. Schlämme aus Kläranlagen, die schädliche Stoffe wie Schwermetalle in angereicherter Form enthalten, werden oder wurden als Dünger für Felder genutzt. Auch hierdurch wird der Stoffkreislauf nachhaltig beeinflußt, ebenso wie durch übermäßige Düngung mit Mineralstoffen.
Alle diese Vorgänge, die natürlichen und durch den Menschen bedingten, werden uns mehr oder weniger bei jedem der im folgenden behandelten Elemente wieder begegnen.
Um neben den globalen Stoffkreisläufen auch die von einzelnen Elementen aufzuzeigen, wenden wir uns den Kreisläufen von Schwefel und von Stickstoff zu.

Schwefelkreislauf

Das Element Schwefel liegt in der anorganischen und organischen Natur als Sulfid (entweder als Metallsulfid oder auch seltener in Gasform als Schwefelwasserstoff), als elementarer Schwefel, als Sulfat (in Form von Salzen) und in organischen Stoffen gebunden (z. B. in schwefelhaltigen Aminosäuren, den Bausteinen der Eiweißstoffe) oder auch in flüchtigen, unangenehm riechenden organischen Sulfiden vor.
Abb. 7 zeigt schematisch einige Umwandlungswege. Gehen wir von den Gesteinen ① aus. Sie enthalten Schwefel als Sulfid von Eisen, Kupfer und Nickel und besitzen charakteristische Eigenschaften, die sich in den Mineralnamen wie *Kies, Glanz* und *Blende* widerspiegeln. Aus diesen Sulfiden können Sulfate entstehen – sowohl durch die Tätigkeit spezieller Mikroorganismen als auch durch Verwitterungsvorgänge in Anwesenheit von genügend

Sauerstoff. Dabei wird der Schwefel von der Oxidationsstufe −2 bis zu +6 über mehrere Zwischenstufen oxidiert.

Der Teilkreislauf ② wird nur durch Mikroben bewirkt. Hier können alle wichtigen Formen des Schwefels mit Hilfe spezialisierter, verschiedenartiger Mikroorganismen und durch Pilze, Algen und Pflanzen gebildet werden. Unter reduzierenden Bedingungen (also in Abwesenheit von Sauerstoff) werden Sulfate in Schwefelwasserstoff umgewandelt, unter oxidierenden Bedingungen wird der Schwefel oder Schwefelwasserstoff zu Sulfat, und schließlich erfolgt auch der Einbau in organische Verbindungen, vor allem in Aminosäuren, die auf dem Wege der Mineralisierung wieder in anorganischen Schwefel umgewandelt werden. Diese Teilkreisläufe spielen sich im Boden und in den Sedimenten von Bächen, Flüssen und Seen ab. Die Sulfate werden aus den Böden zum großen Teil mit der Verwitterungslösung ausgewaschen und gelangen so in die Meere, wo sie neben dem Kochsalz, dem Natriumchlorid, am häufigsten vorkommen. Im Watt, wo reduzierende Bedingungen vorherrschen, kann das Sulfat wieder zu Sulfid reduziert werden – die schwarze Farbe des Watts stammt vom Eisensulfid, dem *Pyrit*.

Der zweite größere Teilkreislauf des Schwefels findet dann über der Erde statt. Aus Vulkanen ③, aus Verbrennungsanlagen der Haushalte und der Industrie ④ gelangt Schwefelwasserstoff bzw. in erster Linie Schwefeldioxid in die Atmosphäre. Auch in Müllkippen ⑤ entstehen aus dem organischen Material Schwefelwasserstoff oder flüchtige, organische, stark und unangenehm riechende Sulfide, die an die Atmosphäre ⑥ abgegeben werden. Dort finden unter der Mitwirkung von Staubteilchen, von Sonnenlicht und *Photooxidantien* wie Ozon und Stickstoffoxiden Oxidationsvorgänge statt, die zum Schwefeldioxid bzw. über das Schwefeltrioxid zum Sulfat bzw. zur Schwefelsäure (s. a. unter Schwefeldioxid) und damit zum *Sauren Regen* führen. Treffen nun in der Atmosphäre Schwefeldioxid und Schwefelwasserstoff zusammen, so entsteht elementarer Schwefel als Schwefelstaub. Das Schwefeldioxid in der Atmosphäre kann direkt als Schadstoff auf Bäume und Pflanzen wirken ⑧ oder auch als Schwefelsäure mit den Niederschlägen auf den Erdboden ⑦ oder auf die Pflanzenwelt ⑧ gelangen.

Eine Schwefeloxidation – ausgehend vom Sulfid oder von elementarem Schwefel – wirkt in der Natur immer *versauernd*, da entweder die wenig stabile schweflige Säure oder die starke Schwefelsäure entstehen. Die vorher genannten Mikroorganismen benutzen die Schwefelumsetzungen als alleinige Energiequelle für ihren gesamten Stoffwechsel. Auch die Tiere und der Mensch sind in diesen Kreislauf einbezogen, da sie Futter bzw. Nahrung mit organischen Schwefelverbindungen, schwefelhaltigen Aminosäuren bzw. Eiweißstoffen aufnehmen und Sulfat- oder Sulfidschwefel mit den Exkrementen ausscheiden.

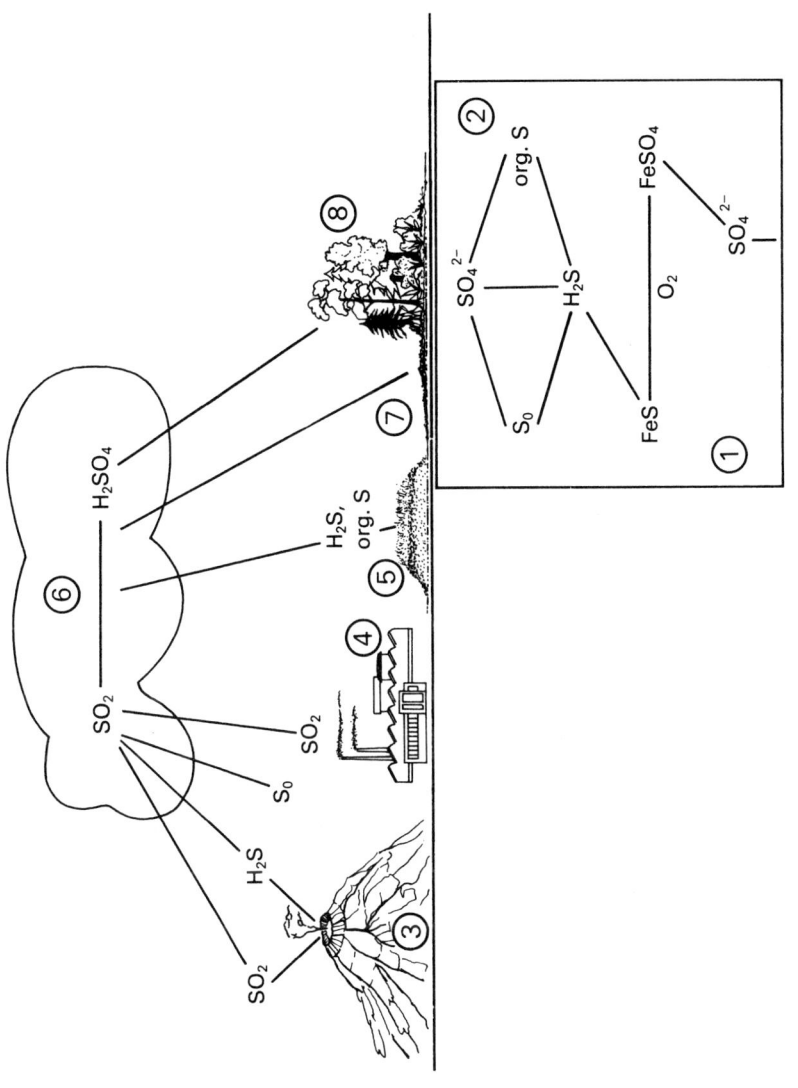

Abb. 7: Schema einiger Umwandlungswege im Schwefelkreislauf.

Diese Darstellung des *Schwefelkreislaufes* ist zwar sehr vereinfacht, sie gibt jedoch ein erstes Bild von der Gesamt- und Kompliziertheit von Elementkreisläufen, wie auch das zweite Beispiel am Element Stickstoff zeigen wird.

Stickstoffkreislauf

Der größte Teil des Stickstoffkreislaufes (*Abb. 8*) spielt sich im Boden ab, wobei Enzyme als *Biokatalysatoren* die einzelnen Umsetzungen beschleunigen. Im Boden liegt Stickstoff in anorganischer Form als Ammoniumsalz oder als Nitrat vor. Nitrit ist unter reduzierenden Bedingungen nur in Spuren vorhanden. Ammonium-Ionen können an Bodenteilchen, den Tonmineralen, festgehalten werden. Für Nitrate gibt es keine Speicherform, sie werden also relativ leicht ausgewaschen.
Durch elektrische Entladungen in der Atmosphäre werden in Gewittern Stickstoffoxide gebildet, so daß Regenwasser immer etwas Nitrat enthält. Eine wichtige Stickstoffquelle stellt jedoch das Gas Stickstoff, aus dem überwiegend unsere Luft besteht, in der Atmosphäre dar. Spezielle Bakterien, die Knöllchenbakterien, die in einer Lebensgemeinschaft (*Symbiose*) mit den Hülsenfrüchten, den Leguminosen wie Bohnen, Erbsen, Lupinen und Wicken leben, können mit Hilfe von Biokatalysatoren, die Molybdän bzw. Eisensulfid enthalten, aus Luftstickstoff Ammoniak herstellen. Die für diese Umwandlung benötigte Energie erhalten die Bakterien aus dem Stoffwechsel der Pflanzen, mit denen sie zusammenleben. Man bezeichnet diesen Vorgang als *symbiotische Stickstoff-Fixierung*. Einige Bakterien und Algen können auch ohne Hilfe höherer Pflanzen direkt den Luftstickstoff binden und weiter verarbeiten – hier liegt eine nichtsymbiotische Stickstoffbindung vor. Auf diese Weise entstehen Ammoniak bzw. Ammoniumsalze, die dann im Boden an Tonmineralen festgehalten werden können.
Weiter im Stickstoffkreislauf sind spezielle Bakterien im Boden nun in der Lage, auf dem Wege der sogenannten *Nitrifikation* Ammoniumsalze über Nitrit in Nitrat umzuwandeln, woraus die höheren Pflanzen in ihren Wurzeln und Blättern auf komplizierten Wegen nach erneuter Reduktion die lebensnotwendigen Eiweißstoffe, die Proteine, aufbauen können. Wieweit diese Nitrifikation, ausgehend vom Ammoniak, abläuft, hängt vom Säuregrad des Bodens, dem Boden-pH-Wert, von der Bodenfeuchtigkeit und von der

Abb. 8: Schematische Darstellung des Stickstoffkreislaufs.

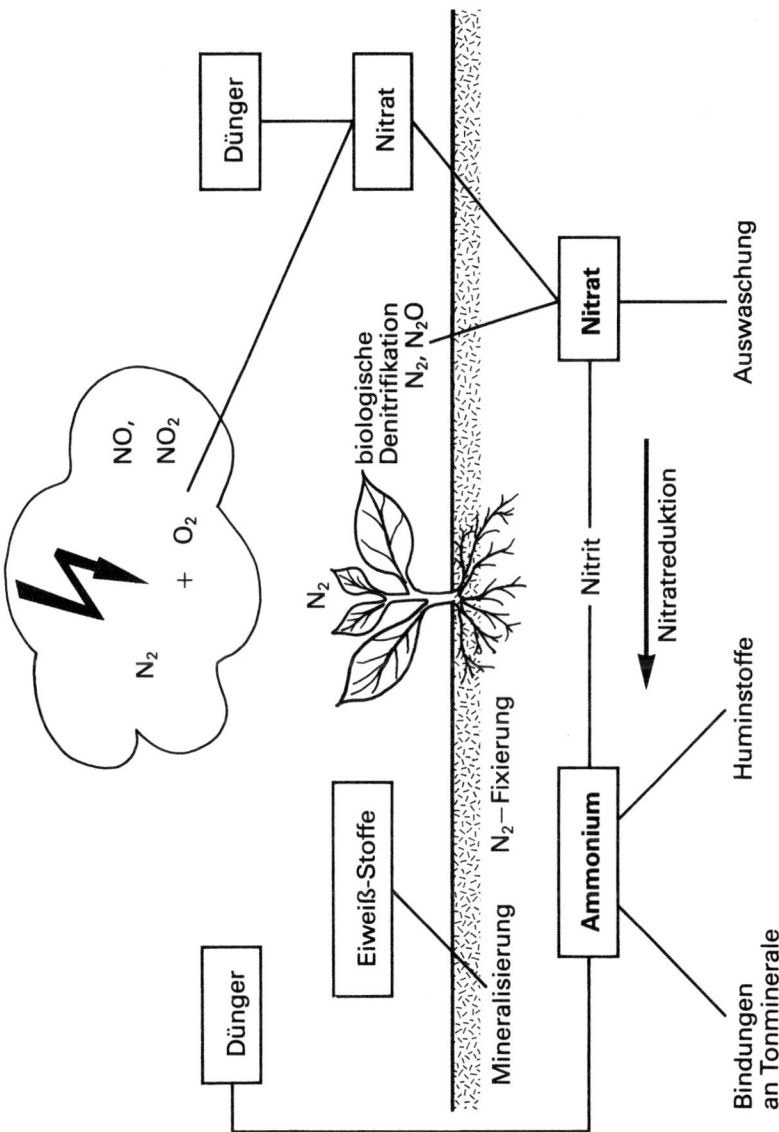

Bodentemperatur ab. Bei Bodentemperaturen unter 8 °C sind die nitrifizierenden Bakterien wenig aktiv, der Vorgang der Nitrifikation kommt fast zum Stillstand. Nitrate im Boden können einerseits von den Pflanzen aufgenommen, durch Niederschläge ausgewaschen und auch auf biologischen und nichtbiologischen Wegen wieder denitrifiziert werden. Bei der *Denitrifikation* bildet sich wieder Stickstoff und auch das gasförmige Distickstoffoxid (N_2O = Lachgas). Denitrifikation und Nitrifikation laufen im Zellinnern von Organismen ab oder auch im Grenzbereich zwischen Mikrobenzelle und Bodenlösung, der flüssigen Phase im Boden, falls die Mikroben die erforderlichen Enzyme ausscheiden.

Die Nitratreduktion schließlich über den Stickstoff hinaus kann von den meisten Pflanzen durchgeführt werden. Nitrat ist daher eine vollständige Stickstoffquelle für die schon angeführte Eiweißgewinnung. Ein Teil der Ammoniumsalze kann außerdem im Boden in kompliziert aufgebaute organische (*polymere*) Stoffe, die Huminstoffe (von Humus), gebunden, immobilisiert werden und unter bestimmten Bedingungen wieder mineralisiert werden.

Alle Organismen benötigen in Form der Eiweißstoffe das Element Stickstoff, nur wenige sind jedoch in der Lage, Proteine aus anorganischen Stickstoffverbindungen selbst aufzubauen.

So ergänzen sich alle vorgestellten Umwandlungen des Stickstoffs zu einem *Kreislauf von Stoffen und Energie*, mit dem Ziel, höheren Organismen zum Aufbau der Träger des Lebens, der Proteine, Stickstoff in der benötigten Form zur Verfügung zu stellen.

4 Wasserstoff als Säure-Ion

Geschichtliches

Von Chemiehistorikern wird die Entdeckung mineralischer, starker Säuren als bedeutendster Fortschritt in der Chemie seit Entdeckung der Eisenerzverhüttung bezeichnet. Griechen und Arabern im Altertum war nur die *Essigsäure* als stärkere Säure bekannt. Von dieser bzw. von deren Eigenschaft, *sauer* (vom althochdeutschen Wort »*suri*«) als Gegensatz von süß zu schmecken, leitet sich der heutige Name für eine chemische Stoffgruppe, die Säuren, ab. Die Säuren des Essigs, des Weins, unreifer Äpfel waren die

ersten (organischen) Säuren, die man in den frühen Zeiten der Chemie kannte.
Durch Erhitzen von Salzen konnten etwa vom 13. Jahrhundert an mineralische Säuren – *Salpeter-, Salz- und Schwefelsäure* – gewonnen werden. Mit solchen Säuren, in konzentrierter Form, ließen sich zahlreiche neue chemische Reaktionen durchführen. Viele Substanzen, vor allem Metalle und Erze, lösen sich in ihnen auf. Das *Königswasser* als Gemisch aus Salz- und Salpetersäure ermöglichte sogar die Auflösung von Gold, das *Scheidewasser* – die Salpetersäure – die Trennung des Goldes vom sich auflösenden Silber.
Diese Säuren, sowohl organischer als auch mineralischer (anorganischer) Herkunft, bildeten eine natürliche Gruppe mit einigen schon damals bekannten gemeinsamen Eigenschaften:
– sie schmecken sauer – die mineralischen Säuren ohne gesundheitliche Gefährdung natürlich nur in starker Verdünnung,
– sie verändern die Färbung bestimmter Blütenfarbstoffe,
– sie reagieren mit Metallen wie Eisen und Zink, indem sich die Metalle auflösen: es entstehen Salzlösungen, und es bildet sich gleichzeitig Wasserstoffgas.
Dieses Gas wurde schon früh beobachtet, so z. B. von dem englischen Naturforscher Robert BOYLE (1627 bis 1691) im Jahre 1671 bei der Umsetzung von Eisennägeln mit Schwefel- und Salzsäure. Der englische Privatgelehrte Henry CAVENDISH (1731 bis 1810) gilt jedoch als der eigentliche Entdecker des Wasserstoffs. Im Jahre 1766 berichtete er über diese *»brennbare Luft«*. Die Bezeichnung Wasserstoff stammt von dem französischen Chemiker LAVOISIER als Übersetzung von franz. *»hydrogené«*, das Element, von dem sich zwei Teile mit einem Teil Sauerstoff zu Wasser verbrennen. LAVOISIER, der exakte Messungen z. B. auch von Gasvolumina zur Untersuchung chemischer Reaktionen einführte und damit eine wissenschaftliche Chemie in unserem heutigen Sinne begründete, regte weitere Chemiker zur Untersuchung der Säuren an.
Der Gruppe von Säuren steht eine andere Gruppe von Stoffen mit entgegengesetzten Eigenschaften gegenüber, die erstmals 1666 als *Basen* bezeichnet wurden. Man erkannte, daß Mischungen von Säuren und Basen im richtigen Verhältnis ihre speziellen Eigenschaften verlieren, es entsteht eine *Salzlösung*. Aus der starken Salzsäure und der starken, ätzenden Base Natriumhydroxid (oder Natronlauge) entsteht das Kochsalz (Natriumchlorid). Der Name Base leitet sich von *Basis* ab, weil starke Basen wie die Natronlauge die nichtflüchtige Grundlage zur Bindung flüchtiger Säuren wie die Salzsäure bilden. Diese *Neutralisationsreaktionen* wurden vor allem von dem deutschen Chemiker Jeremias Benjamin RICHTER (1762 bis 1807) intensiv und messend untersucht.

Säure und *Base* sind auch heute noch wesentliche Grundbegriffe der Chemie, deren Definition jedoch bis in unsere Zeit mit der Entwicklung von Theorien in der Chemie sich immer wieder gewandelt hat. Robert BOYLE definierte eine Säure als Stoff, *»der mit Kreide aufbraust, aus Schwefelleber* (Schwefelwasserstoff) *Schwefel ausfällt, gewisse Pflanzenfarbstoffe rötet und durch eine Base neutralisiert wird, wodurch alle diese Eigenschaften aufgehoben werden«*. LAVOISIER hält den Sauerstoff für das *»saure Prinzip«*. Erst Justus von LIEBIG (1803 bis 1873) bezeichnet den Wasserstoff, der durch Metalle ersetzt werden kann, als den Träger der sauren Eigenschaften von Säuren. Als der schwedische Chemiker und Physiker ARRHENIUS (1859 bis 1927) seine Theorie der Ionen entwickelt hatte, wurde schließlich das Wasserstoff-Ion als der alleinige Träger der Säureeigenschaften bezeichnet. Die Eigenschaft der *Antisäure*, der Base, wird durch das *Hydroxyl-Ion* hervorgerufen. Beide Ionen bilden schließlich das *neutrale Wassermolekül* – diese Reaktion findet bei der Neutralisation statt.

Die *Säure-Base-Theorien* wurden bis in unsere Zeit immer wieder verfeinert, so hat ein Konzept der sechziger Jahre sogar harte und weiche Säuren und Basen definiert.

Der pH-Wert des Wassers

Reines Wasser mit der chemischen Formel H_2O, das auch nicht in Spuren andere Stoffe gelöst enthält, ist bei Zimmertemperatur in geringem Maße in das Wasserstoff-Ion H^+ und das Gegenion OH^-, das Hydroxyl-Ion, gespalten *(dissoziiert)*:

$$H_2O \rightarrow H^+ + OH^-$$

1 l Wasser enthält ein zehnmillionstel Mol (10^{-7}; beim Atomgewicht des Wasserstoffs von 1 auch die gleiche Menge in Gramm) und gleichzeitig ein zehnmillionstel Mol (multipliziert mit der Zahl 17 als Molgewicht für OH^- in Gramm) des Hydroxyl-Ions. Um die Schreibweise dieser niedrigen Konzentrationen zu vereinfachen, gibt man als *pH-Wert* nur den Exponenten, also die Zahl 7 (mit positiven Vorzeichen) an. Ein pH-Wert von 7 bedeutet also, daß die Konzentration an Wasserstoff-Ionen der aus reinem Wasser entspricht. Wird ein Salz wie das Kochsalz darin gelöst, so ändert sich der pH-Wert nicht (oder kaum), da keine neuen Wasserstoff-Ionen entstehen und auch nicht verbraucht, d. h. gebunden werden. Kochsalz zerfällt im Wasser in Natrium- und Chlorid-Ionen. Das Wasser wird in reiner Form und auch nach dem Lösen von Kochsalz als *neutral* bezeichnet.

Wird nun eine starke Säure wie die Schwefelsäure (H_2SO_4) in sehr geringer Menge im reinen Wasser gelöst, so erhöht sich die Konzentration an Wasserstoff-Ionen, die jetzt aus der Schwefelsäure stammen. Schwefelsäure als starke Säure wird (wie das Kochsalz) vollständig in seine Ionen, die Wasserstoff-Ionen (also zweimal H^+-Ionen) und die Sulfat-Ionen (SO_4^{2-}-Ionen) entsprechend der Formel H_2SO_4 gespalten. Diese von der Schwefelsäure hervorgerufene Erhöhung der Wasserstoff-Ionen-Konzentration zeigt sich demnach an einem niedrigeren pH-Wert, der pH-Wert sinkt. Damit das oben in der »*Wasser-Gleichung*« beschriebene Gleichgewicht erhalten bleibt, muß sich die Konzentration der Hydroxyl-Ionen somit erniedrigen. Die Summe der Exponenten von Wasserstoff- und Hydroxyl-Ionen-Konzentration im Wasser ist immer gleich 14.

Die Erniedrigung des pH-Wertes um eine Einheit bedeutet eine Zunahme der Konzentration an Wasserstoff-Ionen um eine Zehnerpotenz, also um den Faktor 10 zur vorherigen Konzentration, und gleichzeitig die Abnahme der Hydroxyl-Ionen-Konzentration um ebenfalls eine Zehnerpotenz.

Schwache Säuren, die in Wasser nicht vollständig in ihre Ionen gespalten werden, wie z. B. die Essigsäure, werden aufgrund dieser Eigenschaft bei gleichen Konzentrationen (bezogen auf den Wasserstoff im Säuremolekül – Essigsäure enthält nur ein Wasserstoff-Ion im Unterschied zur Schwefelsäure) im Wasser den pH-Wert weniger erniedrigen als starke Säuren wie Schwefel- oder Salzsäure (HCl).

Bei den Laugen bzw. Basen spielen sich die Vorgänge dann in der anderen Richtung ab, wobei das Hydroxyl-Ion frei wird, die Wasserstoff-Ionen-Konzentration sinkt und der pH-Wert über 7 ansteigt.

Auch durch die Reaktion von Stoffen mit dem Wasser können aus chemischen Stoffen, die selbst im Wasser keine Säuren bzw. Basen darstellen, die also keine eigenen Wasserstoff- oder Hydroxyl-Ionen liefern, pH-Veränderungen auftreten. Löst sich Kohlendioxid aus der Luft im Wasser, so werden in geringem Maße Hydrogencarbonat- und Wasserstoff-Ionen nach der folgenden Gleichung gebildet:

$$H_2O + CO_2 \rightarrow H^+ + HCO_3^-$$

Aus Wasser und Kohlendioxid entstehen je ein Wasserstoff- und ein Hydrogencarbonat-Ion. Der pH-Wert eines Wassers, das infolge des Kontakts mit der Atemluft Kohlendioxid gelöst hat, liegt daher immer unter 7. Auch das Lösen von Salzen kann zu pH-Änderungen im Unterschied zum Beispiel des Kochsalzes führen, wenn sie aus einer starken Base (oder Säure) und einer schwachen Säure (oder Base) entstanden sind. Natriumacetat, das Natriumsalz der schwachen Essigsäure, verschiebt beim Lösen im Wasser den pH-Wert in den alkalischen Bereich, also über pH 7. Das Essigsäure-

Ion, das Acetat-Ion, reagiert nämlich mit dem Wassermolekül, da die Essigsäure eine schwache, also wenig gespaltene (*dissoziierte*) Säure darstellt. Wasserstoff-Ionen aus dem Wasser selbst werden dabei verbraucht – an das Acetat-Ion unter Bildung von Essigsäure-Molekülen gebunden –, es entstehen dafür mehr Hydroxyl-Ionen aus dem Wasser, die Lösung reagiert alkalisch:

$(Acetat)^- + H_2O \rightarrow (H\text{-}Acetat = Essigsäure) + OH^-$

Die Natronlauge ist eine starke Lauge, sie ist wie Salz- und Schwefelsäure vollständig in die beiden Ionenarten Na^+ und OH^- gespalten. Eine saure Reaktion eines Salzes im Wasser tritt dann auf, wenn im Salz eine schwache Base und eine starke Säure vorliegen, also wie beispielsweise beim Ammoniumchlorid. Ammoniak ist eine schwache Base, die Salzsäure eine starke Säure:

$(Ammonium = NH_4^+) + H_2O \rightarrow NH_3 (Ammoniak)/H_2O + H^+$

Das Ammonium-Ion NH_4^+ gibt ein Wasserstoff-Ion an das Wasser ab. Die Lösung reagiert sauer. Man bezeichnet diese für den pH-Wert einer Lösung wichtigen Reaktionen zwischen einem Salz und dem Wasser als *Hydrolyse*. Die pH-Skala reicht von 0 bis 14. An dem einen Ende stehen die starken Mineralsäuren wie Salz-, Schwefel- und Salpetersäure, am anderen Ende Natron- und Kalilauge. Beginnt man mit einer verdünnten Salzsäure mit dem pH-Wert 1, so läßt sich für Säuren und Basen gleicher Konzentration eine pH-Skala aufstellen:

pH 1,0: Salzsäure
pH 1,5: Schweflige Säure
pH 2,9: Essigsäure
pH 3,7: Kohlensäure
pH 4 : Schwefelwasserstoff-Säure
pH 5,2: Blausäure
pH 7,0: reines Wasser
pH 8,4: Natriumhydrogencarbonat-Lösung
pH 8,9: Natriumacetat-Lösung
pH 11,1: Ammoniak
pH 13 : Natronlauge

pH-Werte in verschiedenen Wässern

Die Feststellung des pH-Wertes eines Wassers liefert erste und grundsätzliche Hinweise zur Wassergüte überhaupt. Aufgrund des pH-Wertes lassen sich Aussagen über den Grad der *Aggressivität* (Angriffswirkung) auf Baustoffe, aber auch über die Wirkung auf Flora und Fauna im Flußwasser und auch in der Kläranlage machen.

Fische können nur in einem bestimmten pH-Bereich im Wasser leben: An den Grenzen sowohl nach unten als auch nach oben werden Haut und Kiemen geschädigt. Für Karpfen beispielsweise liegen diese Grenzen bei pH 4,5 im sauren Bereich und pH 10,8 im alkalischen Bereich. Halten sich die Fische längere Zeit in Wässern bei diesen pH-Werten auf, so tritt schließlich der Tod ein. Für die Bachforelle gilt ein noch engerer Bereich von pH 5,5 bis 9,4. Ideal ist ein Fischwasser, dessen pH-Wert zwischen 7 und 8 liegt. Auch Kanalisationsrohre, sowohl Eisen- als auch Betonrohre, werden bei pH-Werten unter 5 und über 10 stark angegriffen.

Nicht nur Säuren (z. B. aus den Niederschlägen als Salpeter-, Schwefel- und Salzsäure) im sauren Regen oder auch aus Böden und nicht nur Basen (wie Ammoniak aus der Zersetzung organischer Stoffe oder Natronlauge aus Abwässern) erniedrigen bzw. erhöhen den pH-Wert im Wasser. Auch Salze aus schwachen Säuren und starken Basen (wie Natriumcarbonat) bzw. aus schwachen Basen und starken Säuren (wie Calciumchlorid) ergeben durch die bereits beschriebene Hydrolyse, also durch die Reaktion mit den Wassermolekülen, eine pH-Verschiebung nach oben bzw. nach unten: Calcium- und Magnesiumchlorid erniedrigen den pH-Wert, sie ergeben eine saure Reaktion ebenso wie Eisen- und Aluminiumsalze der Schwefel-, Salz- und Salpetersäure, die aus den Abwässern von Metallwerken stammen können. Carbonate des Natriums, Kaliums und Magnesiums sowie Calciums reagieren basisch, sie können aus Gesteinen oder aus häuslichen Abwässern stammen.

Normale Wässer haben pH-Werte um etwa 6,7 bis 7,5, Abweichungen von pH 7 werden hauptsächlich durch das Kohlendioxid wie beschrieben verursacht. In gebundener Form, als Carbonate, erhöht Kohlendioxid den pH-Wert, in freier Form, als *Kohlensäure*, erniedrigt sie ihn. Auch Moorwässer besitzen saure pH-Werte aufgrund organischer Säuren. Häusliche Abwässer reagieren meist neutral bis leicht alkalisch, gewerbliche Abwässer meist sauer wie z. B. die *Abfallbeizen* aus der Eisenverarbeitung. Liegt der pH-Wert unter 5, so wird Beton stark geschädigt. Bereits bei pH 5,5 kommt die biologische Reinigungsstufe in einer Kläranlage zum Erliegen. Bei pH 6 wird die biologische Reinigung ebenso beeinträchtigt wie bei pH 8. Unser Trinkwasser sollte einen pH-Wert zwischen 6,5 und 8,5 aufweisen.

pH-Werte im Boden

Es gibt einige Pflanzen, die nur auf bestimmten, physikalisch und vor allem auch chemisch charakteristischen Böden wachsen, z. B. *Salzpflanzen* (s. Chlor und Chlorid) oder auch *Kalkpflanzen*. Rittersporn, Aronstab, Akelei und viele Orchideen sind solche Kalkpflanzen, die besonders gut auf kalkreichen, trockenen Böden mit einem pH-Wert über 7 im Bodenwasser (aufgrund des Calciumcarbonats-Gehaltes) wachsen. Das Gegenteil davon sind die *Kalkflieher*, die wie Sauerampfer, Heidelbeere und Heidekraut auf kalkarmen, feuchten und sauren Böden am besten gedeihen. Die aufgeführten Pflanzen werden von den Botanikern *Bodenzeiger* oder *Zeigerpflanzen* genannt. Aus der Vegetation lassen sich also bereits Rückschlüsse auf den Säuregrad im Boden, auf die Bodenreaktion zeigen, solange weitgehend von Düngung und Nutzung unbeeinflußte Pflanzengemeinschaften vorhanden sind.
Kalkreiche Böden und solche, die außer Calciumcarbonat auch das Calciumoxid oder auch Natriumcarbonat (Soda) enthalten, zeigen alkalische Bodenreaktionen mit pH-Werten deutlich über 7.
Wann und auf welche Weise können solche Böden versauern? Zum einen produzieren die Pflanzen und auch andere niedere Organismen – also die Vegetation insgesamt – organische Säuren, und bei der Atmung von Bodenorganismen und Pflanzenwurzeln entsteht Kohlendioxid. Die bakterielle *Nitrifikation* (s. Stickstoffkreislauf) liefert im Boden Salpetersäure und bei der Bildung von Humus aus abgestorbenen Pflanzenteilen entstehen wiederum organische Säuren. Weiterhin führt die Schwefeloxidation (s. a Schwefeldioxid), die Umwandlung von beispielsweise Eisensulfid (*Pyrit*) zum Eisensulfat, zur Bildung von Wasserstoff-Ionen: Die Schwefeloxidation wirkt in der Natur stets versauernd. Mit Hilfe einer Schwefeldüngung kann man in stark basischen, sogenannten *Alkaliböden* den pH-Wert daher auch verringern.
Weitere Quellen der Bodenversauerung sind die Niederschläge – und diese in zunehmendem Maße in den letzten Jahrzehnten. Sie enthalten neben dem schwach sauer wirkenden Kohlendioxid vor allem Schwefel- und Salpetersäure, aber auch Salzsäure (z. B. aus der Verbrennung chlorhaltiger Kunststoffe wie dem PVC). Solche Säureniederschläge machen sich durch den gestiegenen Verbrauch an fossilen Brennstoffen (durch Hausbrand, die Industrie und die Kraftfahrzeuge) vor allem in unseren Böden in den letzten Jahren immer deutlicher bemerkbar.
Die wichtigsten Stoffe, an denen sich durch den Säureeintrag über Luft und Niederschlag Veränderungen vollziehen, sind der Kalk (Calciumcarbonat) und die Silikate (als Tonminerale hauptsächlich Aluminium- und Magne-

siumsilikate), also Salze der Kieselsäure, und weiterhin Eisen-, Mangan- und Aluminiumphosphate, also Salze der Phosphorsäure. Wasser im Gleichgewicht mit dem Boden besitzt bei kalkhaltigen Böden einen pH-Wert zwischen 6,5 und 8,5. Zwei wichtige Eigenschaften von Böden sind das *Pufferungsvermögen*, die Fähigkeit des Bodens, eindringende Säuren abzufangen, weitgehend chemisch zu binden und damit zu neutralisieren, und die Fähigkeit des *Ionenaustausches*, d. h. am Beispiel von Silikaten, die Ionen von Nährstoffen wie Calcium und Magnesium, aber auch von giftigem Aluminium gegen Wasserstoff-Ionen, eben die Säure-Ionen, austauschen zu können. Beim Ionenaustausch gehen die genannten Metalle als Ionen in die Bodenlösung, die Säure-Ionen, d. h. die Wasserstoff-Ionen werden an deren Stelle an das Silikat gebunden.

Im neutral bis schwach alkalisch reagierenden Boden kann das vorhandene Calciumcarbonat Säuren unter Bildung von Calcium-Ionen, Kohlendioxid und Wasser auf chemischem Wege abfangen und damit neutralisieren (*Tab. 1*).

Tab. 1: Puffer-Reaktionen in Böden beim Eindringen von Säuren

---

Neutraler bis schwach basischer Boden (pH 6,5 bis 8,5):
$CaCO_3 + 2 H^+ \rightarrow Ca^{2+} + H_2O + CO_2$
Kohlensäure/Carbonat-Pufferbereich.

Schwach saurer Boden (pH 5,5 bis 6,5):
$Ca (Mg, K)$-Silikat $+ 3 H^+ \rightarrow K^+ + Ca^{2+} (Mg^{2+}) + H_3$-Silikat (Kieselsäure),
Aus den Silikaten werden die Metallionen freigesetzt.

Mäßig saurer Boden (pH 4,5 bis 5,5):
$2 AlOOH \times H_2O + H^+ \rightarrow Al_2 (OH)_5^+ + H_2O$
Austauscher-Pufferbereich: Aluminiumhydroxid wirkt als Ionenaustauscher.

Saurer Boden (pH 3,5 bis 4,5):
$AlOOH \times H_2O + 3 H^+ \rightarrow Al^{3+} + 3 H_2O$
Bei noch mehr Säureeintrag in den Boden werden Aluminium-Ionen (Al^{3+}) freigesetzt. Im Aluminium-Pufferbereich entstehen giftige Aluminium-Ionen.

Stark saurer Boden (pH kleiner als 3,5):
$Fe(OH)_3 + 3 H^+ \rightarrow Fe^{3+} + 3 H_2O$
Eisen-Pufferung: Jetzt steht nur noch Eisenhydroxid zur Verfügung, um Säuren zu neutralisieren. Eisen-Ionen gehen in die Bodenlösung.

Bei schwach sauren Böden (pH 5,5 bis 6,5) – wie im Wald, wo wenig Kalk vorhanden ist – können auch die Salze der Kieselsäure (Silikate) ein Abfangen der Säuren bewirken. Diese Reaktion verläuft jedoch sehr langsam, so daß kurzfristig nur geringe Säuremengen gebunden werden können. In solchen Böden ist der Nährstoff Calcium bereits zum Teil ausgewaschen – die *Entkalkung* hat eingesetzt –, die im Boden als Tonminerale vorhandenen Silikate beginnen zu verwittern – aufgrund der Säureaufnahme –, aus ihnen werden die Nährstoffe Calcium und Magnesium langsam freigesetzt und den Pflanzen zur Verfügung gestellt. Für einen Waldboden ist dieses der ökologisch günstigste Bereich. Das Säurebindungsvermögen, die Pufferwirkung, ist unter diesen Bedingungen zwar geringer als in Kalkböden, aber auf der anderen Seite werden jedoch die notwendigen Nährstoffe nur langsam freigesetzt, so daß sie in die Pflanzen gelangen können, bevor sie in tieferen Schichten bis ins Grundwasser versickern.

Bei mäßig sauren Böden (pH 4,5 bis 5,5) steht kein Carbonat mehr zur Abpufferung von Säuren zur Verfügung. Jetzt wird auch Aluminium aus den Silikaten freigesetzt, d. h. aus den Tonmineralen herausgelöst. Die Nährstoffe Calcium und Magnesium sind weitgehend aus dem Boden herausgewaschen, es beginnt bereits eine *Verbraunung* des Bodens. Edellaubbäume und anspruchsvolle Blütenpflanzen können nur noch schlecht gedeihen (*Tab. 2*).

Tab. 2: Die günstigsten pH-Bereiche im Boden für einige Bäume und Kulturpflanzen

	pH-Bereich		pH-Bereich
Birke	5,0–6,0	Erbsen	6,0–7,5
Buche	6,0–8,0	Gurken	5,5–7,0
Esche	6,0–7,5	Möhre	6,0–7,0
Kiefer	4,5–6,0	Spargel	6,0–8,0
Linde	6,0–8,0	Tomate	5,5–7,5
Tanne	5,0–6,0	Spinat	6,5–7,5
Ulme	6,0–7,5	Rot-, Weißkohl	6,5–7,5
Wacholder	5,0–6,0	Kartoffel	5,2–6,0

Günstige pH-Werte landwirtschaftlich oder gärtnerisch genutzter Böden:
Ton- und Lehmböden	6,5–7,5
sandige Lehmböden	5,5–6,5
lehmige Sandböden	etwa 6
Sandböden	5,5–6,0

Hierbei spielt vor allem auch das Aluminium aus den Tonmineralen mit eine wichtige Rolle. Solange Aluminium fest in den Tonmineralen eingeschlossen, gebunden ist, hat es wie das Calcium die Funktion, eine bestimmte Struktur im Boden aufrechtzuhalten – die *Krümelstruktur*. Darunter versteht man die Zusammenlagerung der festen Bodenteilchen in der Weise, daß Poren entstehen, die eine günstige Wasser- und Luftversorgung der Pflanzenwurzeln gewährleisten. Die Stabilisierung einer Krümelstruktur erfolgt durch Calcium, Phosphate und Eisenverbindungen, sogenannte *Huminstoffe* (als die wichtigsten organischen Stoffe mit Säurecharakter im Humus und Torf) und auch durch Mikroorganismen und Feinwurzelsysteme.

Ist Calcium jedoch weitgehend aus dem Boden ausgewaschen und treten nun auch Aluminium-Ionen in die Bodenlösung, so wird jetzt auch das Feinwurzelsystem der Bäume geschädigt. Aluminium-Ionen dringen in das Wurzelsystem und bewirken offenbar physiologische Störungen im Zellstoffwechsel. Diese Giftwirkung des Aluminiums, welches in sauren Böden aus den Tonmineralen freigesetzt wird, ist also neben der hohen Säurekonzentration eine der Ursachen von Baumschädigungen.

Bei noch höherem Säuregrad im Boden, also noch geringeren Boden-pH-Werten, sind die austauschbaren Vorräte an Calcium und Magnesium erschöpft, auch Aluminium und Mangan werden nun ausgewaschen.

In stark sauren Böden (pH-Werte unter 3,5) kann nur noch Eisenhydroxid Säuren binden, die Bodenlösung weist hohe Wasserstoff-, Aluminium- und Eisen-Ionen-Konzentrationen auf – dieser Zustand charakterisiert auch ein Hochmoortorf. Im Unterschied zu unseren säuregeschädigten Waldböden ist jedoch ein Moor dadurch entstanden, daß die Zersetzung der dort gewachsenen Pflanzen aus Mangel an Sauerstoff bei gleichzeitig zu hohem Wassergehalt nur unvollständig erfolgt ist. Torfe enthalten daher große Mengen an organischen Stoffen, sie sind nährstoffarm und sauer (durch die Bildung von Huminsäuren). Höhere Pflanzen können unter diesen Bedingungen nicht mehr gedeihen.

Säuren in Lebensmitteln

Organische Säuren wie beispielsweise *Äpfel-*, *Citronen-* und *Weinsäure* sind als Geschmacksstoffe in verschiedenen Obstarten vorhanden. Sie werden auch als *Fruchtsäuren* bezeichnet. Auch im Gemüse kommen organische Säuren, wenn auch in geringerem Maße vor. Größere Mengen an *Oxalsäure* finden wir in Spinat und Rharbarber. Auch in tierischen Lebensmittelrohstoffen sind organische Säuren vorhanden, so die *Milchsäure* im Schlachtfleisch. Sie alle entstehen aufgrund von Stoffwechselvorgängen mit Hilfe von Enzymen und Bakterien.

Ein Zusatz von Säuren zu Lebensmitteln erfolgt häufig, um das Wachstum von Bakterien, Hefen und Schimmelpilzen als fäulnisverursachende Mikroorganismen einzuschränken. Lebensmittel werden durch den Zusatz von *Essigsäure* und auf dem Wege der Milchsäuregärung durch eben die Milchsäure gesäuert. Die Säuerung von z. B. Gurken, Kürbis und Rote Beete ist also eine Konservierungsmaßnahme. Die *Milchsäuregärung* findet z. B. im Sauerkraut statt.

Die organischen Säuren in Lebensmitteln haben auch eine physiologische Bedeutung: Sie fördern die Verdauung, sie runden das Aroma der Lebensmittel ab, und sie wirken durch den sauren Geschmack appetitanregend und auch erfrischend. Charakteristische pH-Werte von einigen Lebensmitteln sind in *Tab. 3* zusammengestellt.

Tab. 3: Charakteristische pH-Werte in einigen Lebensmitteln

Milch um 6,6
Sauerrahm 5,0−5,2
Sauermilcherzeugnisse 4,6 und weniger
Käse 5,2−5,8 (bei übermäßiger Reife höher als 6)
Mehl normal 5, älteres Mehl weniger als 4,5
Honig 3,3−4,6
Obst- und Gemüsekonserven
   Citrus, Ananas 2,3−3,5
   Saure Gemüse 3,2−4,6
   weiße Bohnen, Spinat, Linsen 4,5−6,5
   grüne Bohnen, Erbsen, Karotten, Spargel 5,5−6,5
Fruchtsäfte weniger als 2,8
   Citronensaft 2,7
   Birnensaft 3,8
Kaffee 5,2−5,5
Tee 5,0−5,5
Wein 3−4 (je nach Weinsorte)
Bier 4,5

---

pH-Werte im Test

Die pH-Indikatorstäbchen bestehen aus drei kleinen quadratischen Zonen, von denen im trockenen Zustand die mittlere grünlich, die beiden anderen gelb gefärbt sind (s. Farbskalen im Buchvorsatz). Die Spezialindikator-Stäbchen sind für den pH-Bereich von 2,0 bis 9,0 einsetzbar, wobei Stufen von 0,5 pH-Einheiten unterscheidbar sind. Die Indikatorfarbstoffe sind bei diesen *nicht blutenden* pH-Indikatorstäbchen chemisch an die Cellulose der Zonen fixiert. Daher kann man die Stäbchen beliebig lange in die zu untersuchende Lösung tauchen, ohne daß die Farbstoffe sich herauslösen (ausbluten).

Bei **flüssigen Proben wie Getränken und Wässern** wird ein Stäbchen mindestens eine Minute in die Lösung getaucht, die man beispielsweise in ein Schnapsglas abgefüllt hat. Danach »liest« man das noch feuchte Stäbchen auf folgende Weise ab: bei pH-Werten zwischen 2,0 und 4,0 verfärbt sich nur die Zone am unteren Ende des Streifens von dunkelrot bis braunorange. Ab pH 4,5 verändert sich die Farbe nur der mittleren Zone bis dunkelgrün (pH 6,5). Ab pH 7,0 verändern sich die Farben der oberen und der mittleren Zone, die obere über oliv bis blau, die mittlere von grün nach dunkelblau. Die jeweils erhaltene Kombination an Farben in den Zonen wird anhand der Farbtabelle verglichen und aus dem Vergleich der pH-Wert ermittelt. Dann wird dasselbe Indikatorstäbchen nochmals in die Probe getaucht und dort fünf bis maximal fünfzehn Minuten belassen. Tritt innerhalb dieser Zeit keine weitere Farbveränderung auf, so hat bereits der erste Test zum richtigen Ergebnis geführt. Der richtige pH-Wert ist dann ermittelt, wenn keine Farbveränderung mehr erfolgt.

In **festen Proben** läßt sich der pH-Wert auf folgende Weise bestimmen: Bei feuchten Lebensmitteln, wie z. B. **Käse**, genügt oft ein Anfeuchten mit wenig Leitungswasser oder besser destilliertem Wasser (aus der Apotheke oder als Batteriewasser von Tankstellen). Die Cellulose-Zonen des Teststäbchens werden auf die feuchte Fläche gedrückt.

Zur **Messung des Boden-pH-Wertes** schüttelt man eine Bodenprobe mit etwa dem doppelten Volumen an destilliertem Wasser oder auch Leitungswasser z. B. in einer kleinen verschließbaren Plastikflasche so kräftig wie möglich etwa ein bis zwei Minuten lang. Dann filtriert man die trübe Bodenlösung durch einen Papierfilter, z. B. Kaffeefilter, und verfährt anschließend wie bei den flüssigen Proben.

Man kann auch versuchen, durch Eintauchen eines Stäbchens direkt in die Bodenaufschlämmung den pH-Wert zu bestimmen. Hierbei können aber, wie vor allem in stark gefärbten Flüssigkeiten wie Rotwein oder Rote Beete-Saft die Farbstoffe an den Cellulose-Zonen adsorbiert werden und damit ein

Ablesen der Indikatorfarben unmöglich machen. Störungen durch solche Farbstoffe lassen sich in einigen Fällen beseitigen, in dem man die Zonen nach dem Messen und vor dem Ablesen kurz mit etwas destilliertem Wasser abspült.

Anhand des vorhergehenden Textes kann man nun in seiner Umwelt je nach Interessenschwerpunkten pH-Werte feststellen. Weitere interessante Anwendungen bestehen darin, daß man die **Änderung von pH-Werten** verfolgt, z. B. beim Sauerwerden von **Milch** oder **Wein** (nach dem Stehenlassen an der Luft), beim Reifen von **Käse**, beim Vermodern von **Gartenabfällen**, beim Reifen von **Obst**.

Weitere Anregungen: **pH-Bestimmungen im Brot** (frisches und konserviertes Brot), in Körperflüssigkeiten wie **Speichel, Urin** und **Schweiß**, in der Luft beim **Regen** (Indikatorstäbchen einige Zeit in den Regen halten).

Mit Hilfe einer Knoblauchpresse lassen sich weiterhin aus den verschiedensten festen Lebensmitteln wie **Kartoffeln, Kohlrabi, Äpfel, Rhabarber** usw. Preßsäfte herstellen, in denen dann der pH-Wert bestimmt werden kann.

5 Stickstoff als Nitrat

Vorkommen

Bei der Entstehung von Salpeterlagerstätten können neben der Umwandlung organischer, stickstoffhaltiger (Eiweiß-) Stoffe, z. B. aus abgestorbenen Meeresalgen und Tangen durch Mikroorganismen, neben der sogenannten mikrobiellen Nitrifikation, Stickoxide aus elektrischen Entladungen in der Atmosphäre in den Urzeiten unserer Erde und auch der Ausstoß von Ammoniak aus Vulkanen beteiligt gewesen sein. Natronsalpeter oder Natriumnitrat, als Mineral Nitronatrit genannt, kommt in Ägypten, Kolumbien, Kleinasien und Chile vor. Das wichtigste und größte Vorkommen befindet sich in Chile. Das eigentliche Salzgestein lagert in einem Wüstengebiet von 800 bis 3000 m Höhe in der fast völlig regenlosen nordchilenischen Atacama-Wüste unter einer dünnen Verwitterungsschicht (20 bis 40 cm) und einer 3 m dicken Schicht aus Ton. Das eigentliche Salzgestein mit 0,5 bis 5 m Mächtigkeit enthält etwa 30 bis 50 % an Natriumnitrat, weiterhin Alkali- und Erdalkalisulfate und auch Kochsalz neben unterschiedlichen Anteilen an Ton, Sand und Kies. Dieses Salzgestein wird in Chile *Caliche* genannt. Die

Lager haben eine Ausdehnung von 700 km Länge und 20 bis 80 km Breite. Aus diesen verkrusteten Massen von Salpeter, Kochsalz und Gesteinsschutt wird seit 1825 der *Chilesalpeter* durch Umkristallisieren gewonnen.
Als abbauwürdig werden heute Salze ab 7 % Natriumnitrat bezeichnet. Die Vorräte in Chile schätzt man zur Zeit noch auf etwa 2,5 Milliarden Tonnen, die einen Abbau im jetzigen Umfang noch über Jahrhunderte ermöglichen. Die Vorräte in Salzgesteinen mit niedrigeren Gehalten werden sogar noch um den Faktor zehn höher geschätzt.
Iod ist ein wichtiges Nebenprodukt dieser Salpetergewinnung, mit 60 000 Tonnen Salpeter werden gleichzeitig etwa 100 Tonnen an Iod erzeugt.
Ein spezielles Vorkommen bildet der *Mauersalpeter*: in Viehställen kann aus dem Harnstoff und faulenden Eiweißstoffen Ammoniak entstehen, der durch Bakterien zur Salpetersäure oxidiert wird. Diese setzt sich schließlich mit dem Kalk der Wände zum Calciumnitrat um.
Kaliumnitrat kommt in der Natur in Indien, China und in Ägypten vor. Nach der Regenzeit entsteht dort auf kaliumreichen Böden das Kaliumnitratsalz.

Gewinnung von Nitraten

Chilesalpeter als etwa 98%iges Natriumnitrat wird aus der genannten Caliche durch Umkristallisieren gewonnen. Die heute mit geringeren Nitratgehalten abgebauten Salzgesteine, die *Costra*, gewinnt man im Tagebau durch Heraussprengen des relativ harten Salzgesteins. Zum Sprengen wird außer Dynamit auch Chloratsprengstoff verwendet, wofür das Kaliumperchlorat aus der Caliche oder auch Costra gewonnen werden kann.
Anfang des 19. Jahrhunderts wurde noch relativ unreiner Salpeter in Nordchile in kleinen Salpeter-Siedereien mit nur geringer Ausbeute gewonnen. Durch Auslaugen von Caliche bei 110 °C und durch Kristallisation bei 22 °C aus den hochkonzentrierten Laugen wurde 1876 mit relativ hohem Energieaufwand eine erhebliche Verbesserung in der Gewinnung mit 65 bis 80 % an Ausbeute erzielt. In den für dieses Verfahren konstruierten Anlagen konnten 10 000 bis 100 000 Tonnen Natriumnitrat im Jahr gewonnen werden. Zu Beginn unseres Jahrhunderts ließ sich dann im Verlauf der industriellen Synthese der Salpetersäure aus Stickstoffoxiden auch synthetisches Natriumnitrat preisgünstiger herstellen. Deshalb wurde dann 1923 ein wirtschaftlicheres *Kaltlaugenverfahren* (mit Temperaturen beim Auslaugen von 40 bis 45 °C und Ausbeuten von 90 %) entwickelt. Die Kapazitäten der nach diesem Verfahren errichteten Anlagen liegen bei 500 000 bis 700 000 Tonnen pro Jahr.

Die wichtigste Methode zur Gewinnung von Natriumnitrat besteht in der Umsetzung der *Endgase* aus Salpetersäureanlagen, dem Stickstoffdioxid und dem Stickstoffmonoxid, mit Sodalösung.
Die Salpetersäure selbst wird durch Verbrennung von Ammoniak mit Luftsauerstoff bei 800 bis 900 °C an z. B. einem Platin-Katalysator gewonnen (OSTWALD-Verfahren).

$4\,NH_3 + 5\,O_2 \rightarrow 4\,NO + 6\,H_2O$

Es bildet sich Stickstoffmonoxid (NO), das mit dem Luftsauerstoff zu Stickstoffdioxid weiter oxidiert wird.

$2\,NO + O_2 \rightarrow 2\,NO_2$

Dieses Gas läßt sich unter Druck in Wasser absorbieren, wobei eine 50 bis 68%ige Salpetersäure entsteht.

$3\,NO_2 + H_2O \rightarrow 2\,HNO_3 + NO$

Der Ammoniak wird nach dem HABER-BOSCH-Verfahren aus Stickstoff und Wasserstoff an ebenfalls einem Katalysator gewonnen – der Wasserstoff stammt dabei aus der Umsetzung von Wasser und Kohle zu Wasserstoff und Kohlenmonoxid, der Stickstoff aus der Luft:

$H_2O + C \rightarrow CO + H_2$

Ein weiteres wichtiges Nitrat, das *Ammoniumnitrat*, wird durch die Neutralisation von Salpetersäure mit Ammoniakgas gewonnen. Dabei entstehen erhebliche Mengen an Wärme, die zur Entfernung des überschüssigen Wassers aus der eingesetzten Salpetersäure genutzt werden können. Das ebenfalls industriell hergestellte *Calciumnitrat* gewinnt man aus Kalk, also Calciumcarbonat, und verdünnter Salpetersäure durch Eindampfen der Lösungen. Mischsalze aus fünf Molekülen Calciumnitrat und einem Molekül Ammoniumnitrat erhält man bei Verwendung von konzentrierter Salpetersäure anstelle von verdünnter, wobei der Säureüberschuß mit Ammoniak neutralisiert wird.
Ein historisch interessantes Verfahren existierte im 18. und 19. Jahrhundert in den sogenannten *Salpeterplantagen*: Auf großen Haufen aus Asche, Abfällen (organischer Natur), Mist, die mit Jauche übergossen wurden, bildete sich infolge der Tätigkeit der Nitratbakterien Salpeter – die Alkalien stammen z. B. aus der Asche. König Friedrich II. (der Große) von Preußen (Regierungszeit 1740 bis 1768) ließ ein ähnliches Verfahren in Schlesien anwenden. Auf großen Bauernhöfen wurden lange Kalkmauern errichtet und mit Jauche übergossen, wodurch sich Calciumnitrat bildete. Dieser Salpeter wurde anschließend durch die Behandlung mit einer *Pottasche-*

Lösung (Kaliumcarbonat) zu Kalisalpeter umgewandelt, der zur Schießpulverherstellung benötigt wurde. Technisch wird Kalisalpeter als *Konversionssalpeter* durch die Umsetzung von Natriumnitrat und Kaliumchlorid gewonnen:

$NaNO_3 + KCl \rightarrow KNO_3 + NaCl$

Bei dieser Umsetzung – auch als doppelte Umsetzung bezeichnet – sind vier Salze beteiligt: Natriumnitrat, Kaliumchlorid, Kaliumnitrat und Kaliumchlorid, von denen bei höheren Temperaturen Natriumchlorid und bei niedrigeren Temperaturen Kaliumnitrat im Wasser am schwersten löslich sind. Werden Natriumnitrat und Kaliumchlorid in kochendes Wasser gegeben, so fällt zuerst das Natriumchlorid aus und kann abfiltriert werden. Beim Abkühlen erhält man dann in der Kälte das übriggebliebene Kaliumnitrat. Weiterhin läßt sich industriell Kaliumnitrat auch durch die Umsetzung von Kaliumhydroxid oder Kaliumcarbonat (der Pottasche) mit technisch hergestellter Salpetersäure gewinnen.

Eigenschaften von Stickstoffoxiden, Salpetersäure und Nitraten

Die in den Luftverunreinigungen vorkommenden Stickstoffoxide *Stickstoffmonoxid* und *Stickstoffdioxid* werden auch als *Stickoxide* $(NO)_x$ bezeichnet. Stickstoffmonoxid ist ein farbloses, giftiges, nicht brennbares Gas, das an der Luft zu braunem bis braunrotem Stickstoffdioxid oxidiert wird.
Stickstoffdioxid ist nicht nur gefärbt, sondern riecht auch im Unterschied zum Stickstoffmonoxid. Es wirkt als starkes Oxidationsmittel: Man kann in einer Stickstoffdioxid-Atmosphäre z. B. Kohle, Phosphor, Schwefel, Kohlenmonoxid und Schwefelwasserstoff (bis zum Schwefel) verbrennen, da das Dioxid einen Teil des Sauerstoffs leicht abgibt.
Stickstoffdioxid bildet in Wasser gelöst die Salpetersäure neben der instabilen *salpetrigen Säure* (HNO_2), die durch die entstehende Salpetersäure sofort zu Stickstoffmonoxid zersetzt wird:

$3 NO_2 + H_2O \rightarrow 2 HNO_3 + NO$

In reinem wasserfreien Zustand bildet die Salpetersäure eine farblose Flüssigkeit. Beim Siedepunkt von etwas über 80 °C zersetzt sie sich unter Gelb- bis Rotfärbung, die vom Stickstoffdioxid stammt. Die *rauchende Salpetersäure* besteht aus einer Lösung von Stickstoffdioxid in reiner Salpetersäure. In konzentrierter Lösung ist die Salpetersäure ein sehr starkes

Oxidationsmittel. Sie ist sogar in der Lage, Holz in Brand zu setzen, wobei die Salpetersäure zum Stickstoffmonoxid reduziert wird. Kupfer und Silber werden unter Freisetzung von Stickstoffoxiden gelöst, jedoch nicht das edlere Gold. Bei einigen unedlen Metallen wie Eisen und Chrom bildet sich beim Angriff der Salpetersäure zunächst eine Oxidschicht, die nicht weiter von konzentrierter Salpetersäure angegriffen werden kann – diese Metalle werden durch diese Oxidschicht *passiviert*. Verdünnt man dagegen die konzentrierte Salpetersäure, so tritt ihr Säurecharakter mehr als ihr Oxidationsvermögen in den Vordergrund. In verdünnter Salpetersäure lösen sich die unedlen Metalle und auch deren Oxide.

Das *Ammoniumnitrat* zeichnet sich durch folgende Eigenschaften aus: Die durchsichtigen, farblosen Kristalle zerfließen an der Luft, sie nehmen leicht Luftfeuchtigkeit auf. Erwärmt man sie über ihren Schmelzpunkt von 170 °C, so zerfallen sie in Distickstoffmonoxid (N_2O) – das *Lachgas* – und Wasser:

$$NH_4NO_3 \rightarrow N_2O + 2\,H_2O$$

Löst man die Kristalle in Wasser, so kühlt dieses sich ab. In 100 g kochendem Wasser lassen sich 871 g Ammoniumnitrat lösen! Bei höherer Temperatur entsteht aus Ammoniumnitrat Stickstoff, Sauerstoff und Wasser:

$$NH_4NO_3 \rightarrow N_2 + \tfrac{1}{2}O_2 + 2\,H_2O$$

Natriumnitrat bildet ebenfalls farblose, würfelähnliche Kristalle, die an der Luft auch unter Wasseraufnahme zerfließen. Sie lösen sich weniger gut in Wasser (180 g bei 100 °C in 100 g Wasser), wobei jedoch ebenfalls eine starke Abkühlung des Wassers registriert wird. Bei Temperaturen über 600 °C bildet sich zunächst Natriumnitrit, das dann ab 900 °C in das Natriumoxid, Stickstoff und Sauerstoff zerfällt.

Kaliumnitrat zeigt beim Erhitzen das gleiche Verhalten: Unter Sauerstoffabspaltung entsteht Kaliumnitrit, dieses geht dann in Stickstoff, Sauerstoff und Kaliumoxid über.

Die Alkalinitrate, vor allem Kaliumnitrat, sind bei höheren Temperaturen gute Oxidationsmittel (s. Verwendung). Kaliumnitrat ist im Gegensatz zum Natriumnitrat nicht feuchtigkeitsempfindlich, es ist daher für die Schießpulver – und für die Düngemittelherstellung besonders geeignet.

Calciumnitrat schließlich nimmt ebenfalls an der Luft Feuchtigkeit auf, wobei es zerfließt. Aus Lösungen kristallisiert Calciumnitrat zusammen mit vier Molekülen Kristallwasser aus. Auch diese Kristalle zerfließen an der Luft und schmelzen ab 54 °C in ihrem eigenen Kristallwasser. Beim Glühen des Salzes entsteht zunächst wieder Sauerstoff und das Calciumnitrit, dann bilden sich im Unterschied zu den Alkalinitriten braune Stickstoffoxide, und es bleibt zuletzt das Calciumoxid, der gebrannte Kalk, zurück.

Das Element Stickstoff ist ein besonders ergiebiges Lehrbeispiel für *Reduktions-* und *Oxidationsvorgänge*, es kommt in den Oxidationsstufen 0 (als Stickstoff N_2), -3 (als Ammoniak NH_3), $+1$ (als Distickstoffmonoxid N_2O = Lachgas), $+2$ (Stickstoffmonoxid NO), $+3$ (als salpetrige Säure HNO_2), $+4$ (als Stickstoffdioxid NO_2) und $+5$ (als Salpetersäure HNO_3) vor.
Die Beispiele zur Darstellung und zu den Eigenschaften von Stickstoffoxiden, Salpetersäure und einigen Nitraten haben gleichzeitig Beispiele für diese Umwandlungsmöglichkeiten aufgrund von Reduktions- und Oxidationsvorgängen geliefert.

Geschichtliches

Die Darstellung eines »*scharfen auflösenden Wassers*«, eines »*aqua dissolutiva*«, nämlich der Salpetersäure, finden wir erstmals in einer Schrift des 13. Jahrhunderts eines bis heute unbekannten Alchimisten mit dem Pseudonym GEBER.
GEBER ist der ins Deutsche übertragene Name des wohl berühmtesten arabischen Alchimisten DSHABIR (Dschabir = Geber) -IBN-HAYYAN (lebte etwa 760 bis 815), dem sich der abendländische GEBER, wahrscheinlich ein Spanier, traditionell verbunden fühlte. Der echte GEBER lebte zur Zeit des Kalifen HARUN-AL-RASCHID, der durch die Märchensammlung Tausendundeine Nacht berühmt wurde.
Die erste Gewinnung von Salpetersäure erfolgte durch Destillation aus einem Gemisch von cyprischem Vitriol (Kupfersulfat, s. Kupfer) und Salpeter (Alkalinitrat). Im Altertum war Kalisalpeter bereits in Ostindien und Ägypten bekannt: Auf kalireichen Böden bildeten sich dort nach den Regenzeiten kleine Kristalle, das *salpetrae*, ein Salz, das sich an Steinen bildet (Felssalz). Kalisalpeter gewann man im Mittelalter in China mit Hilfe von Bakterien und verwendete sie bis zu Anfang des 20. Jahrhunderts fast ausschließlich für die Schießpulverherstellung. Die Salpetersäure wurde dann als *Scheidewasser* besonders bekannt und zur Trennung von Gold und Silber verwendet, da sich nur Silber in der Säure auflöst. Welche Bedeutung dieses Scheidewasser über den Bereich der frühen Naturwissenschaften bzw. der Metallurgie hinaus im allgemeinen Sprachgebrauch gefunden hat, zeigen bildliche und übertragene Anwendungen des Fachbegriffes durch Dichter und Philosophen:
»*Vergesset das rechte Scheidewasser nicht, dadurch die Geister geprüft werden.*« (Christian WEISE, 1642 bis 1708)
»*Gibt's keine Heidelbeeren, Himbeeren, Mehlbeeren, Brombeeren hier oben,*

daß ich dem Scheidewasser meines Magens nur etwas zur Nahrung einfüllen könnte. (GOETHE)
»Unser Jahrhundert hat sich den Namen Philosophie! mit Scheidewasser vor die Stirn gezeichnet, das tief in den Kopf seine Kraft zu äußern scheint.« (HERDER)
Der Chemiker GLAUBER (s. Glaubersalz unter Erdalkalien) stellte die Salpetersäure aus Alkalinitrat und Schwefelsäure her. Die Alkalinitrate bzw. das Kaliumsalz werden als Salpeter bezeichnet. Mit der Entwicklung des Schießpulvers im 14. Jahrhundert (als Schwarzpulver mit 75 % Kaliumnitrat) steigt die Bedeutung des Salpeters.
Große Lagerstätten in Chile führten zur Bezeichnung *Chile*(Natron)-*salpeter*. Der französische Chemiker LAVOISIER (1743 bis 1794) fand als Bestandteile der Salpetersäure die Gase Stickstoffoxid und Sauerstoff heraus, der englische Chemiker CAVENDISH (1731 bis 1810) wies nach, daß Salpetersäure auf dem Weg einer elektrischen Entladung aus dem Stickstoff der Luft entstehen kann. Nach dem 1913 entwickelten HABER-BOSCH-Verfahren wird aus Stickstoff und Wasserstoff zunächst Ammoniak gewonnen, der dann nach dem OSTWALD-Verfahren (entwickelt 1908) katalytisch zur Salpetersäure verbrannt wird.

Verwendung

Die Salpetersäure wird in der Industrie als wichtigste anorganische Schwerchemikalie bezeichnet. Eine sehr wichtige Rolle spielt sie in der Herstellung von Nitraten, die als Handelsdünger Verwendung finden. Weitere Anwendungsbeispiele sind die Herstellung von Explosivstoffen (Sprengstoffen wie Nitroglycerin u. a.), Lack- und Farbstoffen, Pharmazeutika – immer dann, wenn bei Synthesen und Verarbeitungsprozessen eine Nitrierung, die Übertragung einer NO_2-Gruppe, erforderlich ist. Die ätzende Wirkung der Salpetersäure wird z. B. bei der Bearbeitung von Zinkplatten und nichtrostenden Stählen genutzt. Auch in flüssigen Raketentreibstoffen finden wir die Salpetersäure als Oxidationsmittel.
Seit der Chemiker Justus von LIEBIG die wichtige Rolle von anorganischen Stickstoffverbindungen in der Pflanzenernährung nachgewiesen hat, werden Nitrate als Düngemittel verwendet. Vom Ammoniumnitrat werden ca. 90 % der Weltproduktion zu Düngemitteln verarbeitet. Da Ammoniumnitrat jedoch an der Luft zerfließt und ebenso wie die Salpetersäure selbst eine erhebliche Explosivkraft besitzt, werden Calciumcarbonat und Calciumsulfat zugesetzt. Diese Zusätze bewirken eine Beseitigung der Explosionsgefahr

und bilden einen streufähigen Dünger. Je nach Zuschlag an einem anderen Salz werden sie als *Kalkammonsalpeter* (mit Calciumcarbonat), als *Kaliammonsalpeter* (mit Kaliumchlorid) oder als *Ammonsulfatsalpeter* (Leunasalpeter, mit Ammoniumsulfat) bezeichnet. Ammoniumnitrat enthält 34 % Stickstoff, sowohl als Nitrat- als auch als Ammoniumstickstoff.
Natriumnitrat wird zwar weltweit noch überwiegend als Düngemittel verwendet, jedoch nicht in Europa und den USA. Weitere allgemeine Anwendungsgebiete dieses Nitrats gibt es in der Sprengstoffindustrie, der Email- und Glasindustrie. Zusammen mit Natriumnitrit und Kochsalz wird es zum Fleischpökeln als *Pökelsalz* eingesetzt.
Kaliumnitrat findet in Düngern und in Explosivstoffen Verwendung. Calciumnitrat weist einen relativ geringen Stickstoffgehalt von nur 17 % auf, es spielt daher als Düngemittel kaum noch eine Rolle.
Neben speziellen Industriezweigen sind Düngemittel- und Sprengstoffindustrie die wesentlichen Abnehmer von Salpetersäure und Nitraten. Die größten Düngemittelverbraucher in den Jahren 1981/1982 waren die VR China, die USA, die Sowjetunion, Indien, Frankreich, Großbritannien und die Bundesrepublik Deutschland – die VR China mit über 11 Millionen Tonnen, die Bundesrepublik Deutschland verbraucht etwa 1,3 Millionen Tonnen.

Nitrat im Boden

Stickstoff liegt im Boden hauptsächlich in organischen Verbindungen vor, in anorganischer Form in Ammoniumsalzen (s. Ammoniak) oder als Nitrate. Nitrite kommen höchstens unter reduzierenden Bedingungen in Spuren vor. Nitrate als die Anionen der sehr starken Salpetersäure können in den festen Teilen des Bodens nicht gespeichert werden. Im Boden spielen sich nun zahlreiche Prozesse unter Mitwirkung von Mikroorganismen ab, die zu Umwandlungen des Stickstoffs im Boden, zu einem regelrechten Stickstoff-Haushalt führen. Der gesamte Stickstoffkreislauf wurde bereits im Kapitel über Grundbegriffe und Kreisläufe ausführlicher vorgestellt. Im Hinblick auf die Nitrate im Boden sind folgende Teilvorgänge hier von besonderer Bedeutung: Die *Denitrifikation* von Nitraten zum Stickstoff und Distickstoffoxid, die mit Stickstoffverlusten im Boden infolge der Freisetzung der beiden Gase in die Atmosphäre verbunden ist, die *Auswaschung* von Nitraten, wodurch diese in das Grund- und Oberflächenwasser gelangen können und die Bildung von Nitrat, die *Nitrifikation* aus Ammoniumsalzen.
Wird der Boden bewirtschaftet, wird eine intensive Landwirtschaft durch die

Anwendung von Stickstoffdüngern betrieben, so nehmen die Denitrifikation und somit die Stickstoffverluste zu. Eine Zunahme des Stickstoffgehalts im Boden erfolgt demgegenüber auf folgende Weise – durch die Stickstoffzufuhr mit den Niederschlägen (s. Grundlagen und Kreisläufe), durch die biologische Stickstoffixierung des Luftstickstoffs und durch die Stickstoffdüngung. Für die Pflanzenproduktion spielt die Stickstoffaufnahme deswegen eine so wichtige Rolle, da das Leben ganz allgemein an die stickstoffhaltigen Proteine gebunden ist. Als Ammonium- oder vor allem auch Nitrat-Ion gelangt der Stickstoff in die Zellen. Die Pflanze bindet ihn an die in ihr aus Kohlendioxid und Wasser mit Hilfe des Lichts und des Blattgrüns durch Kohlenstoffassimilation entstandenen Kohlenhydrate. Es kommt in den Pflanzen zu einem verstärkten Aufbau von Eiweißstoffen. Wird das Stickstoffangebot immer größer, so können relativ wenig Zucker, wenig Stärke und auch wenig Cellulose – alles Kohlenhydrate – gebildet werden. Die Verschiebung im Stoffwechsel der Pflanzen hat wesentliche Einflüsse ganz allgemein auf die Qualität der Ernteprodukte, auf die Inhaltsstoffe und auf die Standfestigkeit der Pflanzen, die auf dem Celluloseanteil beruht. Je nach Pflanzenart (z. B. Rüben oder Weizen) existiert demnach ein Optimum im Hinblick auf die Stickstoffzufuhr. Sie kann durch organische oder durch mineralische Düngung erfolgen. Organische stickstoffhaltige Dünger sind z. B. die Exkremente von Tieren (als Stallmist oder Gülle). In organischen Düngern liegen im Unterschied zu den mineralischen Düngern (früher Kunstdünger genannt) vor allem die übrigen Pflanzennährstoffe wie Calcium, Magnesium, Kalium und die Spurenelemente gemeinsam mit größeren Mengen an organischen Stoffen vor.

Die wichtigsten Stickstoffdünger sind: *Kalkstickstoff* ($CaCN_2$: Calciumcyanamid), *Kalkammonsalpeter* (Calciumammoniumnitrat), *Schwefelsaures Ammoniak* (Ammoniumsulfat), *Ammonsulfatsalpeter, Stickstoffmagnesia* (Ammoniummagnesiumsulfat), *Ammoniumnitrat-Harnstofflösung*.

Neben der Einteilung in wirtschaftseigene Dünger (wie Stallmist, Gülle) und Handelsdünger unterscheidet man außerdem *Einzelnährstoffdünger* (hier: Stickstoffdünger) und *Mehrnährstoffdünger*, z. B. NP-(Stickstoff-Phosphor-) und NPK-(Stickstoff-Phosphor-Kalium-) Düngemittel.

Sowohl durch organische als auch durch mineralische Dünger können – wie bereits erwähnt – bei einer zu reichlichen Düngung erhebliche Mengen an Nitrat in den Wasserkreislauf gelangen.

Nitrat und Nitrit im Wasser

In natürlichen Gewässern kommen Nitrate nur in geringen Konzentrationen und Nitrite nur in äußerst geringen Spuren vor. Diese Stickstoffverbindungen können sowohl aus der Luft (aus dem Regenwasser) als auch aus Gesteinen bzw. vor allem aus Sedimenten und Schlämmen aufgrund der Tätigkeit von Bakterien (s. im Boden) stammen.
Der Überschuß des Nitratgehaltes im Boden und das beim Laubfall und beim Absterben von Pflanzen durch Mineralisierung freiwerdende Nitrat können ausgewaschen werden und somit in das Wasser gelangen. Düngung und Massentierhaltung, flüssige und feste organische Abfallstoffe erhöhen zusätzlich das Angebot an löslichen Stickstoffverbindungen, auch an Nitraten.
Die Nitratgehalte in natürlichen unbelasteten Gewässern betragen nur etwa 10 bis 20 mg/l. In intensiv landwirtschaflich genutzten Gebieten können in Bächen und Teichen bis zu mehreren 100 mg/l an Nitrat auftreten. Auch in Trockengebieten wie im Seengebiet zwischen Neusiedler See (Österreich: Burgenland) und der Grenze zu Ungarn werden Konzentrationen bis zu 1000 mg/l gemessen. Die Nitratbildung durch Mikroben und die Tätigkeit des Menschen, die anthropogenen Einflüsse im Wasserhaushalt, können die Ursache für erhöhte Nitratgehalte bilden.
Für die Beurteilung der Selbstreinigungskraft eines Gewässers, die auf die Tätigkeit der Mikroorganismen im Abbau organischer Stoffe zurückzuführen ist, ist es wichtig zu wissen, ob ein erhöhter Nitratgehalt mit ebenfalls erhöhten Ammonium- und Nitrit-Ionen-Konzentrationen verbunden ist. Ist dies nicht der Fall, so reicht die biologische Selbstreinigungskraft zur Mineralisierung organischer Stoffe aus. Sowohl Ammonium- als auch vor allem Nitrit-Ionen wirken auf Fische und andere Lebewesen giftig.
Auch Nitrate in Abwässern sind unerwünscht. Eine Denitrifikation, die unvollständig abläuft, kann aufgrund des gebildeten giftigen Nitrits zu Störungen in der biologischen Abwasserreinigung führen. Daher ist man daran interessiert, Nitrate aus Abwässern zu entfernen. Die heute verfügbaren Verfahren sind jedoch noch sehr aufwendig und kostspielig. Das wichtigste Verfahren ist immer noch die vollständige Denitrifikation, die bis zum Stickstoff und Distickstoffoxid führt. Wenn bei der biologischen Reinigung das nitrathaltige Abwasser eine unbelüftete Stufe durchläuft, kann dieser erwünschte Vorgang erreicht werden. In Vorflutern mit starkem Sauerstoffmangel wird Nitrat ohne spezielle abwassertechnische Maßnahmen bakteriell abgebaut, der Sauerstoff aus dem Nitrat wird dabei von den organischen Schmutzstoffen aufgenommen, sie werden dabei gleichzeitig oxidiert. Über das Grundwasser gelangen Nitrate auch in unser Trinkwasser.

Nitrat und Nitrit in Pflanze, Tier und Mensch

Nitrate sind für Pflanzen wichtige Nährstoffe. Sie werden, wie bereits beschrieben, zur Eiweißsynthese verwendet. Eiweißstoffe wiederum benötigen Tiere und Menschen, um die darin enthaltenen Bausteine, die Aminosäuren, zum Aufbau der körpereigenen Proteine einsetzen zu können. Nitrite entstehen nur als Zwischenprodukte innerhalb des beschriebenen Stickstoff-Stoffwechsels und -kreislaufes. Im Unterschied zu Tier und Mensch verfügt die Pflanze nicht nur über wesentlich größere Fähigkeiten im Aufbau stickstoffhaltiger Stoffe, sondern sie scheidet auch keine stickstoffhaltigen Produkte aus. Der gesamte von ihr aufgenommene Stickstoff wird gespeichert, um für Synthesen organischer Stoffe jederzeit zur Verfügung zu stehen.

Im Hinblick auf die menschliche Ernährung sind insbesondere einige stark nitrathaltige Gemüsesorten wie Spinat, Sojabohnen, Mangold, Radieschen zu nennen. Durch die Düngung – organisch oder mineralisch – wird der Nitratgehalt noch gesteigert, auf der anderen Seite gehen beim Kochen drei Viertel der Nitrate in das Kochwasser. Die Kartoffel enthält im Unterschied zu den genannten Gemüsesorten relativ niedrige Nitratmengen. Jedoch haben intensive Untersuchungen in den letzten Jahren einen deutlichen Zusammenhang zwischen Nitratgehalt im Boden und damit in der Kartoffelknolle und dem Ertrag sowie vor allem der Qualität der Kartoffel gezeigt. Wird ein Zuviel des Nährelements Stickstoff als Nitrat aufgenommen, so zeigen sich Ertragsrückgänge und Verluste an Stärke. Weiterhin können die Haltbarkeit, der Geschmack, die Verarbeitungseigenschaften, Lager- und Transportfähigkeit erheblich verschlechtert werden. Die Untersuchungen (s. Nitrate im Test) wurden in den Säften durchgeführt: Spargelstangen- und Chicoreesprossen-Säfte enthalten kaum Nitrat, bei Feldsalatblättern werden Werte bis 6000 mg/kg gemessen. Bei Kartoffelknollen sollte der Wert 100 mg/kg nicht überschreiten, bei höheren Werten liegt eine Überdüngung der Böden vor.

Nitrate selbst sind für Tier und Mensch relativ ungiftig. Die Gefahren durch Nitrate entstehen dadurch, daß sie im Körper, im Magen-Darm-Trakt (und auch bereits im Speichel) durch Bakterien wenigstens teilweise zu Nitriten umgewandelt werden können. Beim Erwachsenen erfolgt die wesentliche Umwandlung im Darm, beim Säugling jedoch bereits im Magen, da bei ihm die Magen(Salz)säure-Produktion noch nicht voll entwickelt ist. Die Giftigkeit des Nitrits besteht nun darin, daß es wie der lebensnotwendige Sauerstoff in Form des Stickstoffmonoxids an den roten Blutfarbstoff (*Hämoglobin*) gebunden werden kann. Das Stickstoffmonoxid, das im Sauren aus dem Nitrit entsteht, verdrängt den Sauerstoff aus dem Hämoglobin und gefährdet auf diese Weise die Sauerstoffversorgung der Organe. Die beim Säugling besonders hohe Aufnahme an Nitrit bereits vom Magen aus sowie über den Zwölffingerdarm und den Dünndarm in das Blut kann zu einer Erstickung infolge des Sauerstoffmangels führen. Säuglingsnahrung – vor allem Spinat – sollte daher möglichst wenig Nitrat enthalten, das gleiche gilt für unser Trinkwasser, dessen Grenzwert von 90 auf 50 mg/l heruntergesetzt wurde. Auch bei Wiederkäuern ist die Aufnahme von Nitrit in das Blut besonders hoch.

Wird Spinat, der hohe Nitratgehalte aufweist, gelagert, so beginnt bereits durch die natürlich vorhandenen Bakterien eine teilweise Reduzierung des Nitrats zum Nitrit. Besonders gefährlich ist die Aufnahme von wieder aufgewärmtem Spinat, da wenige Tage nach der Zubereitung die bakterielle Nitratreduktion schon erheblich weiter fortgeschritten ist.

Eine weitere Gefährdung durch Nitrate besteht darin, daß sie mit Aminen (*sekundären* Aminen), die aus Aminosäuren bei der Zubereitung von Lebensmitteln entstehen können, krebserregende Nitrosamine bilden können.

Trotz dieser Kenntnisse über die Wirkungen von Nitraten bzw. von Nitriten werden beide Salze zur *Pökelung* von Fleisch noch heute verwendet und sind auch gesetzlich erlaubt. Pökelsalze enthalten neben Kochsalz auch etwa 0,5 % an Nitrit und/oder 1 % an Nitrat. Der rote Farbstoff im Muskelfleisch, das *Myoglobin* (anstelle des Hämoglobins im Blut) wird wie das Hämoglobin in einen stabilen, roten Komplex mit Stickstoffmonoxid umgewandelt. Mischt man beim Salzen von Fleisch, das ja eine Konservierungsmaßnahme bildet, kein Nitrit (oder Nitrat, das zu Nitrit reduziert wird) bei, so würde der rote Muskelfarbstoff infolge des Wasserentzugs beim Salzen zerstört und das Fleisch seine rote Farbe verlieren. Die Umwandlung des sauerstoffhaltigen Myoglobins durch den Zusatz von Nitrit zum stabileren Stickstoff-Myoglobin bezeichnet man als *Umrötung*. Auch nach dem Kochen von Pökelschinken bleibt eine Rosafärbung erhalten, nicht gepökeltes Frischfleisch wird dagegen beim Kochen und Braten durch die Zerstörung des Myoglobins graubraun.

Die Pökelung mit Nitrit hat jedoch noch einen wesentlich wichtigeren Grund: Sie soll die Bildung sehr giftiger Stoffe, die aus dem Stoffwechsel von Bakterien stammen, verhindern. Ein stäbchenförmiges Bakterium, das *Clostridium botulinum*, scheidet ein tödlich wirkendes Gift, das Botulinus-Toxin, aus. Durch die Pökelung wird das Wachstum und damit der Stoffwechsel dieser Bakterien unterbunden. Auf der anderen Seite läßt sich das Toxin durch längeres Erhitzen auf 80 °C auch zerstören.

Weitere Gründe für eine Pökelung (95 % der Fleischwaren werden gepökelt, etwa 60 % des Frischfleisches verarbeitet) sind die ansprechende bereits

beschriebene Pökelfarbe und auch ein besonderes Pökelaroma. Auf der anderen Seite gehen durch die Pökelung wasserlösliche Nährstoffe, Vitamine und Mineralstoffe verloren.
Der Ernährungsbericht der Deutschen Gesellschaft für Ernährung stellt 1976 jedoch fest:
*»Ein absoluter Verzicht auf die farberhaltende, aromagebende und konservierende Behandlung von Fleischwaren mit Nitrit ist jedoch **nicht** ohne weiteres möglich, weil sonst gepökelte Fleischerzeugnisse in der bisherigen Qualität nicht mehr herzustellen wären und wegen des schnelleren Verderbs ein vermehrtes Auftreten von Lebensmittelvergiftungen, speziell des Botulismus, befürchtet werden müßte.«*

Nitrat und Nitrit im Test

Auf den Nitrat-Teststäbchen befinden sich zwei Testzonen. Die Zone am Stäbchenende zeigt sowohl Nitrat- als auch Nitrit-Ionen an, die benachbarte Zone dient als Warnzone, sie reagiert nur auf Nitrit.
In der Nitrat-/Nitrit-Zone befindet sich ein Reduktionsmittel, das Nitrate in Nitrite reduziert, die Warnzone enthält dagegen kein Reduktionsmittel. Die in der Probe vorhandene oder durch Reduktion gewonnene salpetrige Säure – sie bildet sich in saurer Lösung aus den Nitrit-Ionen, der dafür notwendige saure Puffer ist auch in der Testzone vorhanden – reagiert mit organischen Stoffen (*Aminen*) in den Testzonen zu einem rotvioletten *Azofarbstoff* nach einer *Kupplungsreaktion.* Solche Azofarbstoffe finden in Lebensmitteln und auch als Färbemittel für Textilien Anwendung.
Zum Test auf Nitrate und Nitrite wird ein Teststäbchen aus der Verpackung genommen. Die luft- und feuchtigkeitsempfindlichen Teststäbchen müssen trocken und kühl (am besten in der Verpackung im Kühlschrank) aufbewahrt werden. Das Teststäbchen wird nun etwa eine Sekunde in die zu untersuchende Lösung getaucht oder auch direkt auf die feuchte Oberfläche eines Lebensmittels für etwa zwei Sekunden aufgedrückt, so daß beide Testzonen voll von der Flüssigkeit benetzt werden. Man sollte jedoch nicht zu fest aufdrücken, da sich sonst die Papiere von der Plastikfolie ablösen können. Färbt sich die Warnzone rosa bis rot, so liegen Nitrit-Ionen vor, die in der Nitrat-/Nitrit-Zone mit gemessen werden. Nach zwei Minuten wird die Färbung der untersten Zone mit den Farben der Skala im Buchvorsatz verglichen: Es lassen sich sieben verschiedene Farbabstufungen und damit sechs Konzentrationsbereiche unterscheiden:
0 – 10 – 30 – 60 – 100 – 250 – 500 mg/l an Nitrat.

Wird die intensive Rotviolettfärbung am Ende der Skala erreicht, so muß die Messung in einer verdünnten Lösung wiederholt werden. Zum Verdünnen wird auf einer Haushaltswaage eine Probe auf die zehnfache Menge mit destilliertem Wasser (aus der Apotheke) verdünnt. Die Verdünnung läßt sich noch einfacher in einem Haushaltsmeßbecher durchführen.
Mit diesem Nitrat-Teststäbchen lassen sich folgende Untersuchungen durchführen:

Wasseranalysen: Trink-, Mineral-, Fluß-, See-, Meer-, Grundwasser u. a. mehr.
Lebensmittelanalyse: Getränke jeder Art, ausgenommen sehr stark gefärbte Säfte wie Rote Beete-Saft, die infolge der Farbstoffe zu Störungen führen. Beim Rote Beete-Saft läßt sich die Störung durch Verdünnen beseitigen.

Der **Nitratnachweis in Kartoffeln** wird folgendermaßen durchgeführt: Man schneidet die Kartoffel ein, schiebt den Teststreifen vorsichtig in die Schnittstelle hinein und drückt dann die Kartoffel zusammen. Der Teststreifen wird dann nach einigen Sekunden ebenso vorsichtig, damit die Zonen nicht in der Kartoffel steckenbleiben, herausgenommen und anhand der Farbskala ausgewertet. Zur Interpretation der Ergebnisse wird der vorstehende Text herangezogen.

Mit einer Knoblauch-Presse lassen sich aus zahlreichen Lebensmitteln **Preßsäfte** herstellen, in denen die Nitratgehalte auf die gleiche Weise wie in Wässern festgestellt werden können.

Zur Bestimmung des **Nitratgehaltes in Böden** werden 100 g eines Bodens (an verschiedenen Stellen bis zu einer Tiefe von 30 cm als Durchschnittsprobe entnehmen) auf einer Haushaltswaage abgewogen und mit 100 g Wasser (destilliert) kräftig einige Minuten gerührt. Nach dem Absitzen der Bodenteilchen kann man dann den Test in der überstehenden Lösung durchführen. Der ermittelte Nitratwert entspricht annähernd dem Wert in kg Stickstoff (N) pro Hektar, bezogen auf die ausgewählte Bodentiefe.

Auch Hydrokulturen lassen sich im Hinblick auf das Nitrat als Nährstoff für Pflanzen kontrollieren.

Weitere Anregungen für eigene Untersuchungen:
- Nitrat und Nitrit im **Mundspeichel**,
- Nitrat und Nitrit im **Spinat** beim Kochen und Wiederaufwärmen verfolgen,
- Nitratübergang aus **Gemüse** bei Zubereiten in das Wasch- oder Kochwasser verfolgen,
- in verschiedenen **Wurstsorten** messen – entweder in wässerigen Auszügen oder am feuchten Lebensmittel selbst.

6 Stickstoff als Ammoniak

Vorkommen

Durch die Zersetzung stickstoffhaltiger organischer Stoffe – vorwiegend aus den Eiweißstoffen – oder auch aufgrund der vulkanischen Vorgänge in unserer Erde entsteht ständig Ammoniak, das in der Natur jedoch fast ausschließlich nach der Reaktion mit Säuren (z. B. auch mit dem Kohlendioxid) in Form von Salzen vorliegt. An den Vulkanen Vesuv und Ätna wurden Abscheidungen solcher Ammoniumsalze festgestellt; bereits 900 nach Christus beobachtete man die Bildung von Ammoniumchlorid an den Rändern schwelender Kohlelager in Persien.
Ammoniak war ein wesentlicher Bestandteil der Uratmosphäre unserer Erde, wodurch die Bildung von Aminosäuren und schließlich des Lebens möglich wurde. Auch heute noch bildet sich Ammoniak bei elektrischen Entladungen in den höheren Schichten der Atmosphäre aus dem Luftstickstoff und aus Wasserdampf, woraus nach weiteren Reaktionen (Oxidationen mit Luftsauerstoff) schließlich Ammoniumnitrat und Ammoniumnitrit entstehen. Über die Niederschläge gelangen diese Salze als natürlich entstandene Stickstoffdünger in den Boden. Vor allem Tone und Tonschiefer sowie Sandstein enthalten Ammoniak in Form von Ammoniumsalzen.

Gewinnung

Seit Ende des 18. Jahrhunderts war den Chemikern bekannt, daß Ammoniak aus den Elementen Stickstoff und Wasserstoff zusammengesetzt ist. Im folgenden Jahrhundert wurde immer wieder versucht, das Gas aus diesen Elementen direkt herzustellen, jedoch ohne Erfolg. Stickstoff und Wasserstoff sind reaktionsträge chemische Elemente, die erst unter Mitwirkung eines Reaktionsbeschleunigers, also eines *Katalysators*, bei gleichzeitig hohem Druck und auch hoher Temperatur miteinander reagieren. Die Erforschung dieser Reaktionsbedingungen und die Umsetzung aus dem Labor- in den technischen Maßstab erfolgte durch HABER und BOSCH bei der Badischen Anilin- und Sodafabrik (BASF) zu Beginn unseres Jahrhunderts. Nach ihnen wurde das im Prinzip noch heute gültige Verfahren benannt. Die für die Ammoniaksynthese erforderliche Temperaturen liegen bei 400 bis

500 °C, je nach Art des Katalysators ist außerdem ein Druck zwischen 90 und 800 bar erforderlich.
Die Salze des Ammoniaks können auf unterschiedliche Weise gewonnen werden: Ammoniumchlorid direkt durch die Reaktion von Ammoniak und Salzsäure, also aus Base und Säure, ebenso Ammoniumnitrat, -phosphat und -sulfat. Ammoniumcarbonat, das *Hirschhornsalz*, erhält man durch Erhitzen eines Gemisches aus Ammoniumsulfat und *Schlämmkreide* (Calciumcarbonat), wobei das schwerlösliche Calciumsulfat, der *Gips*, abgetrennt wird.

Eigenschaften

Ammoniak, der *Geist des Salmiaks*, ist ein farbloses, stechend riechendes Gas. Unter Druck läßt sich Ammoniak bereits bei Raumtemperatur (und 8 bis 9 bar) in die Flüssigkeit umwandeln und so auf einfache Weise in Stahlflaschen transportieren. Unter Normaldruck wird Ammoniak bei −33 °C flüssig. Das Ammoniakgas löst sich sehr gut im Wasser. Im Labor wird meist das Ammoniakwasser, eine Lösung des Salmiakgeistes, verwendet. Die wichtigste und zugleich charakteristische Eigenschaft des Ammoniaks ist dessen Wirkung als Base (Lauge), mit Säuren bildet sie Salze wie das Ammoniumchlorid (*Salmiak*), Ammoniumcarbonat (*Hirschhornsalz*), Ammoniumnitrat (*Ammonsalpeter*) und Ammoniumphosphat. Diese Salze zerfallen bei höheren Temperaturen überwiegend wieder in Ammoniak oder in Stickstoff bzw. dessen Oxide, je nach dem vorhandenen Säurerest. Aus Ammoniumchlorid, -phosphat und -carbonat entsteht Ammoniak, aus Ammoniumnitrat Lachgas und aus Ammoniumnitrit der Stickstoff selbst. Ammoniumchlorid erhält man als weißen Rauch, wenn Flaschen mit Salzsäure und Ammoniakwasser geöffnet werden und sich die Gase miteinander verbinden können.
Zwei weitere Eigenschaften des Ammoniaks werden auch zu analytischen Zwecken genutzt: Das Ammoniakgas färbt Lackmuspapier als Base blau, eine Kupfersalzlösung ist nach der Zugabe von Ammoniakwasser tiefblau gefärbt.

Geschichtliches

Salze des Ammoniaks, nämlich Ammoniumchlorid und Ammoniumcarbonat, waren bereits den Ägyptern und Arabern im Altertum bekannt. Dem

»sal ammonicum«, dem Salmiak (Ammoniumchlorid) hat möglicherweise die Oase des Jupiter Ammon (heute Oase Siwa) ihren Namen gegeben. Vielleicht ist auch der ägyptische Sonnengott Ra Ammon der Namensgeber gewesen, denn das Salz der Oase Ammon hat sich nach neueren Forschungen als Natriumchlorid erwiesen.
Der arabische Chemiker DSHABIR IBN HAYYAN (der echte »GEBER) gewann das Ammoniumchlorid offensichtlich bereits 760 nach Christus durch Erhitzen (Destillieren von Haaren). Zu Beginn des 18. Jahrhunderts wird in der Literatur das Ammoniak als Produkt aus Gärungs- bzw. Zersetzungsvorgängen beschrieben und auch durch Erhitzen einer Mischung von Kalk und Salmiak als Salmiakgeist (als flüchtiges Gas) freigesetzt.
Die Zusammensetzung aus Stickstoff und Wasserstoff im Verhältnis eins zu drei wurde im letzten Drittel des 18. Jahrhunderts von mehreren der damals führenden Chemiker Europas ermittelt.
Mit der Entdeckung der Mineraldüngung durch Justus von LIEBIG (1840) wurde nun Ammoniak bzw. dessen Salze in Kunstdüngern eingesetzt, wodurch der Chilesalpeter (s. Stickstoff als Nitrat) mehr und mehr verdrängt wurde. Durch das HABER-BOSCH-Verfahren (von Fritz HABER, 1868 bis 1934, Chemienobelpreis 1918, und Carl BOSCH, 1874 bis 1940, Chemienobelpreis 1931) ist seit 1913 die großtechnische Synthese aus den Elementen Wasserstoff und Stickstoff möglich.

Verwendung

Ammoniak gehört zu den Grundprodukten der chemischen Industrie, es dient als Ausgangsstoff für zahlreiche chemische Synthesen – z. B. für Sulfonamide oder für Chemiefasern, zur Herstellung von Salpetersäure, von Düngemitteln als Ammoniumsalze oder auch in flüssiger Form. Die Base Ammoniak kann Schwefeldioxid aus Rauchgasen und Chlor nach Desinfektionsprozessen unschädlich machen, indem sie Salze mit den entsprechenden Säuren bildet. Die Funktionen des Ammoniaks als *Transportmittel* für den Stickstoff als Dünger im Boden und als *technischer Stickstoff* in der chemischen Industrie sind die wichtigsten.
Von den Salzen hat vor allem das *Ammoniumchlorid* eine breite, wenn auch nicht mengenmäßig große Bedeutung: Zu Kältemischungen, auf Sprungschanzen zur Verlangsamung der Schneeschmelze, für Kunststoff- und Kautschukerzeugnisse, als Putzmittelbestandteil und in Trockenbatterien finden wir dieses Ammoniumsalz. Auch Salmiakpastillen wird etwas Salmiak (Ammoniumchlorid) beigemischt.

Ammoniumnitrat wird zu 90 % als Düngemittel und heute nur noch zu wenigen Prozent in Sprengstoffen verwendet. Aufgrund der hohen Sprengkraft haben sich früher bei der Verwendung von Ammonsalpeter-Sprengstoffen weltweit bekannte Explosionen ereignet. Daher wird Ammoniumnitrat meist im Gemisch mit weniger explosiven Salzen eingesetzt.
Ammoniumphosphate sind sogenannte NP(Stickstoff-Phosphor)-Dünger, *Ammoniumcarbonat* wird als Hirschhornsalz bei der Herstellung von Lebkuchen, Keksen und ähnlichem Flachgebäck an Stelle der Hefe als Backtriebmittel verwendet. Beim Erhitzen bilden sich die Gase Ammoniak und Kohlendioxid, die den Teig auflockern und aus ihm entweichen.

Ammoniak in Wässern

Niederschläge wie das Regenwasser enthalten wie beschrieben geringe Mengen an Ammoniumsalzen, die sich aus dem Luftstickstoff gebildet haben. In Grund-, Quell- und Oberflächenwässern werden Ammoniumsalze nur unter reduzierenden Bedingungen und auch dann nur in sehr geringen Mengen festgestellt. Freies Ammoniak bildet sich nur bei pH-Werten über 8, also im alkalischen Bereich. Hohe Ammoniumgehalte werden dagegen in Wässern aus Ölfeldern und auch in vulkanisch beeinflußten Quellen sowie in Moorwässern aus der Zersetzung organischer Stoffe beobachtet.
Auch die Grundwässer mit hohen Eisen- und Mangangehalten (wie z. B. in der Norddeutschen Tiefebene) enthalten Ammoniumsalze: Sie kommen durch die Reduktion von Nitrat zustande, weil aus dem Eisensulfid durch die Einwirkung der Kohlensäure im Erdboden unter Druck zunächst Schwefelwasserstoff entsteht, der die Nitrate reduziert – wobei er selbst zum Sulfat oder auch nur bis zum Schwefel oxidiert wird.
Aus der Zersetzung von menschlichen und tierischen Exkrementen entsteht Ammoniak neben Kohlendioxid aus dem Harnstoff:

$$(NH_2)_2CO + H_2O \rightarrow CO_2 + 2NH_3$$

Andererseits wird Harnstoff auch wieder in Ammoniak und Kohlendioxid aufgespalten, wie die Gleichung zeigt. Das Vorkommen von Ammoniak bzw. von Ammoniumsalzen in Wässern kann also eine hygienische Bedeutung haben – ein Hinweis auf eine Verunreinigung durch Fäkalien. Außerdem können höhere Ammoniumkonzentrationen auf die Abschwemmung von Düngemitteln von den Feldern zurückzuführen sein.
Trinkwasser sollte keine nachweisbaren Mengen an Ammoniak bzw. Ammoniumsalzen enthalten.

Ammoniak im Boden, in Pflanze, Tier und Mensch

Ammoniak entsteht im Boden im Verlauf des Stickstoffkreislaufs (s. dort). Ammoniumsalze werden dem Boden durch Dünger zugeführt, die Ammonium-Ionen von Pflanzen als Stickstoffquelle für die Eiweißgewinnung aufgenommen. Im Unterschied zum Nitrat (s. dort) wird das Ammonium-Ion von Bodenpartikeln festgehalten.

Bei Tier und Mensch wird Ammoniak in den Exkrementen neben dem Harnstoff als Stickstoffverbindung ausgeschieden. Ammoniak ist für höhere Organismen ein Zellgift, das möglichst schnell entfernt werden muß. Er entsteht als Zwischenprodukt des Stoffwechsels im Gehirn, in den Muskeln, der Leber und der Niere und wird sofort in der Leber durch die Reaktion mit Kohlendioxid zu Harnstoff, im Gehirn durch Umwandlung in eine spezielle Aminosäure, das *Glutamin*, unschädlich gemacht. Bei krankhaften Stoffwechselzuständen, bei denen durch den Harn verstärkt Säuren ausgeschieden werden, bildet auf der anderen Seite die Niere sogar Ammoniak, um diese Säuren zu neutralisieren. Die Ammoniumsalze sind jedoch im Unterschied zum freien Ammoniak nicht giftig, sie können daher ohne schädliche Wirkung durch die Nahrung (z. B. mit Käse oder Backwaren) aufgenommen werden. Im Magen wird Ammoniak sofort aufgrund des niedrigen pH-Wertes der Magensäure in die Ammoniumsalze überführt.

Kommt die Haut, vor allem Schleimhaut, mit Ammoniakwasser oder Ammoniakgas in Berührung, so treten leicht Verätzungen auf. Die Reizung der Atemorgane und der Augenschleimhäute ist besonders stark. Werden niedrige Ammoniak-Konzentrationen mit der Atemluft eingeatmet, so wird die Atmung nach kurzem Stillstand angeregt, und der Blutdruck steigt. Ammoniak besitzt also eine erregende Wirkung, die früher zur »Wiederbelebung« von Ohnmächtigen benutzt wurde. Als Riechsalz verwendete man Ammoniumhydrogencarbonat, aus dem Ammoniak frei wird. Sehr niedrige Konzentrationen von Ammoniak fördern lediglich die Schleimhautsekretion, manche Menschen empfinden die Wirkung von Ammoniak als belebend, bereits in SCHILLERS »Wallenstein« lagerten Soldaten als »*Ammoniak-Smoker*« besonders gern in den Pferdeställen. Für Geruchs- und Reizschwellenkonzentrationen des Ammoniaks werden sehr widersprüchliche Angaben gemacht, die zum Teil auf die Umwandlung des Ammoniaks in der Luft durch Kohlendioxid und Wasser in das Ammoniumcarbonat zu erklären sind.

Ammoniak im Test

Das Ammonium-Testpapier ist sowohl für den Nachweis von freiem Ammoniak (NH_3) als auch von Ammonium-Ionen bzw. -Salzen geeignet. Bei Anwesenheit von Ammonium-Ionen in einer Probe erhält man einen braungelben Fleck auf weißem Untergrund.
Will man **Ammoniak in der Luft** feststellen, vor allem dann, wenn andere Gerüche den charakteristischen Ammoniakgeruch überdecken, so bringt man auf das Testpapier einen Tropfen destilliertes Wasser und setzt dann die feuchte Stelle der zu untersuchenden Luft aus: über einem Misthaufen, einer Mülldeponie, einem Abfallhaufen im Garten, in einem Tierstall usw.
Nach etwa 5 bis 20 Sekunden tupft man auf die feuchte Stelle mit Hilfe eines Glasstabes oder auch Plastiklöffels ein wenig 5%ige Natronlauge. **Beim Umgang mit der Natronlauge ist die ätzende Wirkung zu beachten – keine Flüssigkeit auf die Haut kommen lassen, nicht verspritzen, vor allem nicht mit Schleimhäuten oder den Augen in Berührung bringen!** Sollte dies einmal geschehen, sofort mit viel Leitungswasser waschen!
Falls in der Luft Ammoniak vorhanden war, verfärbt sich der feuchte Fleck, die Reaktionszone, nach Gelb bis Braun. Je stärker der Braunton auftritt, um so höher war die Ammoniakmenge, die auf das Testpapier gelangt ist.
Im Haushalt lassen sich weitere Tests auf Ammoniumsalze durchführen: **Reinigungsmittel**, vor allem solche, die nicht die Angabe »mit Salmiak« enthalten, werden auf folgende Weise geprüft: Eine wässerige Probe wird mit etwas 5%iger Natronlauge versetzt. Die Lösung muß deutlich alkalisch reagieren (über pH 9, mit Indikatorpapier prüfen). Tritt ein Niederschlag auf, so läßt man diesen kurz absitzen und gibt möglichst rasch einen Tropfen der überstehenden Lösung auf das Testpapier. Liegen Ammonium-Ionen vor, so bildet sich auf dem Testpapier ein braungelber Fleck oder Ring. Ist die Reaktion zu schwach erkennbar, kann man nochmals einen weiteren Tropfen auftragen. Die Reaktionsfarbe verschwindet nach kurzer Zeit wieder. Nach dem Zusatz der Natronlauge muß die Probe außerdem schnell auf das Testpapier gegeben werden, da sonst das Ammoniakgas aus der Probe verschwindet. Man kann den Teststreifen aber auch über die Probe nach dem Zusatz von Natronlauge halten – wie bei der Luftuntersuchung.
Außer den Reinigungsmitteln enthalten auch **Batterien** Ammoniumsalze. Sie lassen sich aus ausgelaufenen Batterien nachweisen.

7 Schwefel als Schwefelwasserstoff

Vorkommen

Schwefelwasserstoff findet sich in der Natur in den Gasen vulkanischen Gesteins. Er ist weiterhin ein wichtiger Bestandteil der Schwefelquellen – bei uns z. B. in Bad Aachen und in Bad Tölz. Beim Verfaulen schwefelhaltiger organischer Stoffe, also von vorwiegend schwefelhaltigem Eiweiß, entsteht ebenfalls Schwefelwasserstoff. Aus dieser Quelle stammen auch die beträchtlichen Gehalte von bis zu 15 % im Erdgas von Lacq in Frankreich. Im Department Pyrénées-Atlanquies, wo sich eines der reichsten Erdgaslager Europas befindet. Auch die Erdgase von Alberta in Kanada enthalten viel Schwefelwasserstoff, aus dem sogar Schwefel gewonnen wird.
Auf die bakterielle Zersetzung von Eiweißstoffen, die Schwefel in der Aminosäure Cystin enthalten, und auf die bakterielle Reduktion von Sulfaten, z. B. durch den *Spirillus desulfuricans* aus Gips, sind die natürlichen Vorkommen von Schwefelwasserstoff zurückzuführen. Das aus Gips gebildete Calciumsulfid wird durch Kohlendioxid und Wasser zu Schwefelwasserstoff zersetzt, die etwas stärkere Kohlensäure setzt die sehr schwache Schwefelwasserstoff-Säure aus dem Calciumsulfid frei. Auch Seen wie der Große Plöner See in Schleswig-Holstein enthalten aufgrund dieser Vorgänge mehrere mg/l Sulfid.
In gebundener Form liegt der Schwefelwasserstoff in großen Mengen in den Sulfiden von Metallen, z. B. von Eisen, Blei und Zink vor, die als sulfidische Minerale nach alter Bergmannssprache als *Kiese, Glanze, Blenden* oder *Fahlerze* bezeichnet werden. Ein durchscheinendes sulfidisches Erz wird Blende, ein buntes Erz Kies und ein metallisch aussehendes Glanz genannt. Fahlerze sind graue, spröde Minerale mit nur geringem metallischem Glanz. Viele Sulfidminerale sind intensiv gefärbt, vom Quecksilber rot, grau oder schwarz, vom Zink braun, schwarz oder gelb, vom Blei grau, vom Eisen gelb bis braun, vom Kupfer messing- bis goldgelb. Sie sind überall dort entstanden, wo der Schwefelwasserstoff, in Wasser gelöst, mit den Salzen der Metalle in Berührung gekommen ist, da Metallsulfide in den meisten Fällen die am wenigsten lösliche Form eines Metalles, vor allem der Schwermetalle, bilden.

Gewinnung

In der Industrie kann Schwefelwasserstoff aus Heizgas, Kokereigas und auch anderen aus Kohle entstandenen Gasen gewonnen werden. Steinkohle enthält etwa 1 bis 1,5 % Schwefel. Die in den genannten Gasen vorkommenden Mengen von einigen Zehntel Volumenprozenten machen eine Reinigung erforderlich und gleichzeitig die Gewinnung möglich. Es werden dazu Lösungen schwacher Basen verwendet, welche die schwache Säure des Schwefelwasserstoffs im Wasser in der Kälte absorbieren und das Gas in der Wärme unter gleichzeitigem Regenerieren des Adsorptionsmittels wieder freigeben. Als schwache Basen werden z. B. in dem in Deutschland häufigsten Verfahren Salze von Aminosäuren eingesetzt. Die notwendige Reinigung, d. h. Entschwefelung von Roh- und Abgasen, ist mit der gleichzeitigen Gewinnung von Schwefelwasserstoff gekoppelt. Auch aus Gasreinigungsmassen läßt sich der Schwefelwasserstoff freisetzen.

Im Laboratorium zersetzt man ein Metallsulfid, meist Eisensulfid, in einer speziellen Gasentwicklungsapparatur, z. B. in einem *Kippschen Apparat* – nach dem Delfter Apotheker KIPP (1808 bis 1864) benannt. Einen sehr reinen Schwefelwasserstoff erhält man aus einem Gemisch von Schwefeldampf und Wasserstoff in 600 °C heißen Röhren. Die technische Herstellung von Schwefelwasserstoff erfolgt aus Schwefel und Wasserstoff in Gegenwart von Katalysatoren, wobei die Reaktionstemperatur auf 350 °C gesenkt werden kann.

Eigenschaften

Schwefelwasserstoff ist ein farbloses, giftiges Gas mit einem intensiven, üblen Geruch, der an faule Eier erinnert. Die Geruchsschwelle liegt unterhalb von 0,1 ppm (= Millionstel Volumenteile) in der Luft.
Unter Druck läßt sich das Gas leicht zu einer Flüssigkeit verdichten, die bei −85,5 °C fest wird. Zwischen −85,5 °C und −60 °C liegt eine Flüssigkeit vor, oberhalb von −60 °C das Gas. Schwefelwasserstoff löst sich im Wasser, bei 20 °C können sich 2,6 l in 1 l Wasser auflösen. Jedoch wird im Wasser nur ein geringer Teil in Ionen gespalten, so daß trotz der zwei vorhandenen und abspaltbaren Wasserstoffatome (H_2S) nur eine schwachsaure Reaktion auftritt. Der gasförmige Schwefelwasserstoff verbrennt mit blauer Flamme an der Luft zu Wasser und Schwefeldioxid. Ist in der Luft nur wenig Sauerstoff vorhanden bzw. bei geringer Luftzufuhr bilden sich Wasser und Schwefel.

Zahlreiche Metalle können aus den wäßrigen Lösungen ihrer Salze mit Schwefelwasserstoff als Sulfide ausgefällt werden. Deshalb wird Schwefelwasserstoff in der klassischen qualitativen Analyse auch zur Trennung von Metallen in den *Trennungsgängen* genutzt, die auch heute noch an den Hochschulen zur Vermittlung erster Erfahrungen und Stoffkenntnisse in der Chemie gelehrt werden. Läßt sich z. B. Blei aus einer Säurelösung als schwarzes Bleisulfid mit Schwefelwasserstoff vollständig entfernen, so gelingt dies beim Eisen als ebenfalls schwarzes Sulfid erst im alkalischen Bereich.

Geschichtliches

»Stinkende Schwefelluft« wurde der Schwefelwasserstoff schon im Altertum genannt, wo er aus den vulkanischen Ausdünstungen oder auch als Produkt von Fäulnisprozessen bekannt war.
Der Chemiker Andreas LIBAVIUS (1540 bis 1616) berichtet in seiner 1597 in Frankfurt erschienenen »Alchemia« über den Schwefelwasserstoff. Die Chemiker des Mittelalters kannten den *»gefeulten Schwefel«* als Ursache des Gestanks nach faulen Eiern und auch die schwärzende Wirkung des *»Schwefeldampfes«* auf Silbergeschirr (Bildung von schwarzem Silbersulfid). Diese Alchimie des LIBAVIUS darf nicht mit der *Goldmacherkunst* des Mittelalters gleichgesetzt werden. Sie stellt lediglich eine veraltete Bezeichnung für die Chemie dar, denn der Verfasser gibt in seinem Lehrbuch selbst folgende Definition (vom Lateinischen ins Deutsche übersetzt): *»Alchimie ist die Kunst, reine Magisterien (– im Sinne von Arzneimitteln –) und Essenzen aus gemischten Stoffen auszuziehen.«* LIBAVIUS beobachtete – wie auch gleichzeitig der französische Chemiker LEMERY (1645 bis 1715) – die Bildung von Schwefelwasserstoff aus Metallsulfiden. Nachdem die Entstehung von Metallsulfiden bekannt war, die als wasserlösliche Sulfide des Natriums oder Calciums *Schwefelleber* genannt wurden, erhielt die *stinkende Schwefelluft* zunächst den Namen *Schwefelleberluft*. Durch Schmelzen von *Pottasche* (Kaliumcarbonat) und Schwefel konnte man solche Schwefelleber gewinnen.
Schwefelwässer wurden früher Mineralwässer genannt, die Schwefelwasserstoff gelöst enthielten. In alten Urkunden finden wir auch die *»swebelbäder«*, wo schwefelwasserstoff-haltiges Wasser schon früh zu Heilzwecken verwendet wurde. *»Welcher warme schwefelbad haben mag, der gebrauch sich derselbigen, dann sie seind fast nützlich den stein zu brechen«* (: aus einem Arzneibuch aus der Mitte des 16. Jahrhunderts).
Erste systematische Untersuchungen zur Natur des Schwefelwasserstoffs,

der Schwefelleberluft, führte der schwedische Chemiker und Apotheker Carl Wilhelm SCHEELE (1742 bis 1786) im Jahre 1776 durch. Er zeigte dessen Entstehung nicht nur aus Schwefelleber, sondern ebenso aus Mangan- und Eisensulfid durch Zusatz verdünnter Säuren und auch durch Erhitzen von Schwefel in einer Wasserstoffatmosphäre.
Jedoch erst 1796 veröffentlichte der Pariser Chemiker Claude-Louis BERTHELLOT (1748 bis 1822) seine noch heute gültige Auffassung über den Schwefelwasserstoff als sauerstofffreie Säure, er prägte auch den Namen »*hydrogène sulfuré*«.

Verwendung

Schwefelwasserstoff findet im Laboratorium, wenn auch nur noch in geringem Umfang, als Reagenz in der oben beschriebenen Analyse von Metallen und deren Trennung Verwendung.
In der Industrie stellt Schwefelwasserstoff in erster Linie ein Zwischenprodukt zur Gewinnung von Schwefel auf der einen und zur Herstellung von Schwefelsäure in großen Mengen auf dem Wege über das Schwefeldioxid auf der anderen Seite dar.

Sulfid im Boden

Der Kreislauf des Schwefels wurde bereits im Kapitel 3 behandelt. Im Boden wird sowohl Schwefelwasserstoff bzw. Sulfid durch die Tätigkeit von Mikroorganismen gebildet als auch wieder in andere Schwefelformen wie elementaren Schwefel, Sulfat und organische Schwefelverbindungen umgewandelt.
Die Reduktion von Sulfaten zum Sulfid setzt *anaerobe* Bedingungen, d. h. die Abwesenheit von Sauerstoff voraus. Durch die Sulfatreduktion decken die daran beteiligten Mikroorganismen ihren für den eigenen Stoffwechsel notwendigen Sauerstoffbedarf. Umgekehrt werden zur Oxidation von sulfidischem Schwefel *aerobe* Bedingungen, d. h. Sauerstoff benötigt. Der *Thiobacillus* nutzt die Schwefeloxidation als alleinige Energiequelle für seine eigene Existenz.
Durch das im Boden vorhandene Eisen wird Schwefelwasserstoff gebunden. In überfluteten Böden, die infolge des mangelnden oder sogar fehlenden Gasaustausches mit der Atmosphäre unter Sauerstoffmangel leiden, entsteht

das Eisensulfid, der schwarze *Pyrit*. Auch Sedimentgesteine, die durch Ablagerung entstanden sind, enthalten Sulfid, vor allem wiederum das Eisensulfid und auch das Mangansulfid – in sehr fein verteilter Form – wie der Wattboden an den Küsten des Festlandes und der Inseln.
In gut durchlüfteten Böden sind Sulfide dagegen nicht existenzfähig, hier kann der Schwefel nur als Sulfat (vor allem in Form von Aluminiumsulfaten) oder in organischen Bindungsformen vorliegen.

Sulfid im Wasser

Auch im Grundwasserbereich ist die Reduktion von Sulfaten durch Mikroorganismen eine charakteristische Reaktion, die den speziellen Mikroben die notwendige Lebensenergie liefert. Auch aus der Zersetzung von schwefelhaltigen organischen Stoffen können Sulfide und Schwefelwasserstoff im Grundwasser gebildet werden. Bei der Oxidation von Schwefelwasserstoff wird zunächst freier Schwefel gebildet, der innerhalb und außerhalb der Zellen auch für einige Zeit gespeichert werden kann, bevor die weitere Oxidation zur Schwefelsäure bzw. zum Sulfat stattfindet.
Das Vorkommen von Schwefelwasserstoff in Grundwässern kann sowohl auf hygienisch bedenkliche Fäulniserscheinungen aufgrund organischer Stoffe, durch die Tätigkeit der Schwefelbakterien aus Sulfaten und auch auf die Freisetzung aus Eisensulfid durch die Einwirkung der Kohlensäure zurückzuführen sein. Kohlensäure bzw. das gelöste Kohlendioxid im Wasser ist eine stärkere Säure als die Schwefelwasserstoff-Säure.
Spuren von Schwefelwasserstoff findet man auch in Moorwässern. Die Anwesenheit von Schwefelwasserstoff bzw. von Sulfiden im Leitungswasser ist aus gesundheitlichen Gründen – auch wegen der beschriebenen Herkunft aus Fäulnisprozessen – unerwünscht. Bleirohre werden außerdem angegriffen, Blei kann dadurch in Lösung gelangen. Durch Belüftung des Wassers wird jedoch der Schwefelwasserstoff vor der Einspeisung in ein Wasserleitungsnetz aufgrund seiner Flüchtigkeit vollständig ausgetrieben. Bereits bei einem pH-Wert von 5 (und darunter) liegt im Wasser nur das Gas Schwefelwasserstoff und keine Ionen vor.
Schwefelwasserstoff finden wir vor allem in Abwässern. Bei den Zersetzungsvorgängen der organischen Stoffe entsteht bei Sauerstoffmangel immer das Gas, das in der Umgebung von Kanalisationsanlagen Straßenbenutzer und Anwohner nicht nur belästigt, sondern wegen seiner Giftigkeit auch gefährden kann. Bei häuslichen Abwässern tritt dieses Problem selten auf. In Industrieabwässern, z. B. aus der Lebensmittelindustrie, können bei hoher

Belastung durch schwefelhaltige Stoffe dagegen größere Mengen Schwefelwasserstoff freigesetzt werden. Auch bei der biologischen Klärung von Abwässern entsteht Schwefelwasserstoff im *Faulgas*. Besonders hohe Gehalte treten dann auf, wenn im Abwasser gleichzeitig hohe Sulfatgehalte vorhanden waren. Daraus werden zunächst schwefelhaltige Eiweißstoffe in den Schlammbakterien gebildet, die wiederum teilweise mit dem Schlammwasser in die Faulbehälter gelangen. Schwefelbakterien führen dort zur Bildung von Schwefelwasserstoff, der aus den Faulgasen bei deren Verbrennung entfernt wird.

Wirkungen auf Tier und Mensch

Schwefelwasserstoff ist ein fast gleich starkes Gift wie die Blausäure. Im Unterschied zur Blausäure werden vom Menschen jedoch bereits Konzentrationen wahrgenommen, die nur ein Vierhundertstel des schädigenden Gehaltes betragen. Für den industriellen Bereich gibt es einen Grenzwert als »*M*aximale *A*rbeitsplatz-*K*onzentration« (*MAK*-Wert) von 15 mg/m^3 Luft (= 10 ppm).

Als maximale Emissionskonzentration (s. Kreisläufe) wird von der Kommission »Reinhaltung der Luft« des Vereins Deutscher Ingenieure (VDI) eine Konzentration von nur 0,2 ppm und ein Dauerwert von 0,1 ppm angegeben. Wird in der Luft eine höhere Konzentration (ab 150 ppm) erreicht, so fällt unser Geruchssinn aus. Das Einatmen führt zu Vergiftungserscheinungen, die von Schwindelgefühlen, Atemnot, Kopfschmerz bis zum Lungenödem und schließlich zum akuten Atemstillstand reichen. Über die Wirkung des Schwefelwasserstoffs im tierischen und menschlichen Körper sind sich die Mediziner nicht völlig klar. Einerseits wird eine Bindung an den roten Blutfarbstoff, an das für den Sauerstofftransport wichtige Hämoglobin angenommen – ähnlich wie bei Vergiftungen durch Blausäure oder auch durch Stickstoffoxide oder Kohlenmonoxid –, zum anderen wurden Schädigungen von wichtigen Enzymen nachgewiesen.

Ob es eine chronische Vergiftung durch kleinere Mengen Schwefelwasserstoff gibt, ist ebenfalls bei den Fachleuten umstritten. Schwefelwasserstoff wird im Körper wie auch in anderen biologischen Systemen schnell zu Sulfat oxidiert und in dieser Form mit dem Urin ausgeschieden.

Schwefelwasserstoff im Test

Das Schwefelwasserstoffgas kann auf einfache Weise mit *Bleiacetat-Papier* nachgewiesen werden. Dieses Bleiacetat-Papier ist ein mit dem Salz Bleiacetat imprägniertes Filterpapier. Es wird mit destilliertem Wasser etwas angefeuchtet und dann in die Luft gehalten oder gehängt. Bei Anwesenheit von Schwefelwasserstoff ändert sich die Farbe des Papiers von Weiß nach Braunschwarz. Dabei bildet sich das schwarze Bleisulfid. Bei sehr geringen Schwefelwasserstoff-Konzentrationen tritt jedoch nur eine schwach braune Färbung auf.
Der Test kann z. B. in der Nähe von **Gullis (Abwässerkanälen)**, von **Misthaufen (oder Gülle)** und anderen **Abfallhaufen** organischer Stoffe, zum Nachweis von Schwefelwasserstoff bzw. von wasserlöslichen Sulfiden in Schlämmen und auch in Erzen angewendet werden. Bei festen Proben kann man das feuchte Papier auch auf die Probe drücken, sofern keine gefärbten Stoffe die Auswertung erschweren. Der Test ist auch zur Unterscheidung zwischen Schwefelwasserstoff und anderen übel riechenden organischen Schwefelverbindungen (den *Mercaptanen*) geeignet.

8 Schwefel als Sulfat

Vorkommen

Die wichtigsten, natürlich vorkommenden Sulfate sind *Gips* (Calciumsulfat), *Bittersalz* (Magnesiumsulfat), *Schwerspat* (Bariumsulfat) und das *Glaubersalz* (Natriumsulfat).
Der Gips hat sich ähnlich wie das *Steinsalz* (Natriumchlorid) (s. Chlor und Chloride) durch Verdunsten von flachen, abgeschirmten Meeresteilen abgeschieden – wegen seiner geringen Löslichkeit noch vor dem Steinsalz. Solche Gipslager sind in verschiedenen geologischen Zeitaltern immer wieder entstanden. In Deutschland gibt es zahlreiche Gipslagerstätten, z. B. in Gebieten, wo Muschelkalk vorkommt, auch in den norddeutschen Zechsteinablagerungen von Hannover bis Hessen, in Thüringen und am südlichen Harzrand bis Magdeburg. In New Mexico gibt es *Gipswüsten*, wo der Gips sogar an der Erdoberfläche vorliegt.
Abarten des Calciumsulfats in Kristallform sind das *Marien-* oder *Frauenglas*

(glasartig durchsichtige Platten) und *Alabaster* (in reinem Zustand weiß und undurchsichtig, z. B. bei Volterra in Italien).
Aus den Mineralwässern von Epsom – einer Stadt in der englischen Grafschaft Surrey, bekannt als Wohnstadt und Erholungsgebiet von London und durch die Pferderennen – wurde 1695 Magnesiumsulfat erstmals aus den dortigen Mineralwässern gewonnen. Es wird daher auch als *Epsomsalz* oder wegen seines bitteren Geschmacks als *Bittersalz* bezeichnet. Auch die Mineralwässer, z. B. von Bad Kissingen, enthalten reichlich Magnesiumsulfat. Als *Kieserit*, nach einem deutschen Naturforscher des 18./19. Jahrhunderts benannt, tritt es auch in den norddeutschen Salzlagerstätten auf.
Das Bariumsulfat wird wegen der hohen Dichte seiner Kristalle als *Schwerspat* oder *Baryt* bezeichnet. In Deutschland befinden sich die wichtigsten Lagerstätten bei Meggen in Westfalen.
Das Natriumsulfat schließlich finden wir nicht nur in Salzlagerstätten früherer geologischer Zeitalter. Dieses Salz wird ständig in den zahlreichen Salzseen Kanadas, der USA, in Südamerika und auch in den Steppengebieten der UdSSR neu gebildet. Wichtige glaubersalzhaltige Mineralwässer sind die von Marienbad und von Karlsbad.

Gewinnung der Salze

Gips wird sowohl über Tage als auch im Untertagebau in Steinbrüchen bzw. in Gruben gewonnen. Auch Bariumsalze werden direkt aus den Lagerstätten abgebaut. Magnesiumsulfat dagegen wird in technischem Maßstab aus dem Mineral Kieserit gewonnen, das bei der Aufarbeitung der Kalisalze isoliert wird. Durch Auflösen des Salzminerals in Wasser und Wiederauskristallisieren kann man das reine Bittersalz erhalten, wofür heute auch Vakuumverfahren benutzt werden. Auch das aus Meerwasser gewonnene Magnesiumoxid bzw. Magnesiumcarbonat läßt sich durch Umsetzung mit Schwefelsäure auf technischem Wege zum Magnesiumsulfat umwandeln. Ganz allgemein kann man aus allen magnesiumhaltigen Mineralien mit Schwefelsäure Magnesiumsulfat herstellen.
Auch bei der Eisenverarbeitung kann auf dem Wege des Röstens (s. Eisen) aus *Pyrit* (Eisensulfit) und Magnesiumoxid (durch Erhitzen aus Magnesiumcarbonat (*Dolomit*) als calcinierter Dolomit) erhalten werden:

$$4\,MgO + 2\,FeS_2 + 7{,}5\,O_2 \rightarrow 4\,MgSO_4 + Fe_2O_3$$

Aus Magnesiumoxid und Eisensulfid bildet sich nach der Oxidation mit Sauerstoff das Magnesiumsulfat und Eisen(III)oxid. Das gebildete Magne-

siumsulfat wird mit Wasser ausgelaugt, Eisen(III)oxid löst sich nicht in Wasser.
Als weitere Quellen für das Magnesiumsulfat sind das Meerwasser und natürlich vorkommende Salzseen zu nennen, deren Wässer eingedampft werden.
Natriumsulfat wird entweder aus den Kalisalzen natürlicher Lagerstätten oder auf chemisch-technischem Wege gewonnen. Früher wurde das Natriumsulfat für die *Soda*(Natriumcarbonat)-Herstellung aus Kochsalz durch die Umsetzung mit Schwefelsäure erhalten. Auch die chemische Umsetzung von Steinsalz (Natriumchlorid) mit Kieserit (Magnesiumsulfat) führt zum Natriumsulfat. Die unterschiedlichen Löslichkeiten dieser Salze in Wasser ermöglichen eine getrennte Kristallisation. In Nordamerika wird Natriumsulfat direkt aus natriumsulfathaltigen Seen gewonnen.

Eigenschaften

Die Löslichkeit der Sulfate im Wasser nimmt vom Magnesiumsulfat über das Natrium- und Calciumsulfat bis zum Bariumsulfat stark ab. Bariumsulfat ist in Wasser praktisch nicht löslich, Calciumsulfat ist zwar schwer-, aber doch bereits feststellbar löslich. Vom Natriumsulfat lösen sich bei 20 °C 160 g, vom Magnesiumsulfat sogar 320 g/l Wasser. Die bessere Löslichkeit von Magnesiumsulfat gegenüber Natriumsulfat ist auch der Grund, warum man aus Natriumchlorid und Magnesiumsulfat das schwerer lösliche Natriumsulfat gewinnen kann.
Alle reinen Alkali- und Erdalkalisulfate (Natrium-, Kalium- bzw. Magnesium-, Calcium-, Bariumsulfate) sind farblos bzw. weiß. Sie können wasserfrei vorliegen oder aber in ihren Kristallen mehr oder weniger viel Wasser als *Kristallwasser* enthalten. Diese kristallwasser-haltigen Salze werden auch Hydrate genannt, sie geben Wasser beim Erhitzen wieder ab.
Calciumsulfat existiert als wasserfreie Substanz, als Mineral wird es *Anhydrit* genannt, und als Dihydrat ($CaSO_4$ x 2 H_2O, x bedeutet in der chemischen Formelsprache ein Plus) kommt es am häufigsten vor. Erhitzt man Gips auf 100 °C, so werden 75 % des Kristallwassers abgegeben; es entsteht gebrannter Gips ($CaSO_4$ x ½ H_2O).
Den *Stuckgips* erhält man beim Erhitzen auf 130 bis 160 °C als Gemenge aus dem gebrannten Gips und etwas wasserfreiem Calciumsulfat, also Anhydrit. Beim Anrühren von Gips mit Wasser erstarrt der zunächst gebildete Brei in kurzer Zeit zu einer festen Masse aus sehr feinfaserigen, miteinander verfilzten Gipskriställchen als Dihydrat. Bei diesen chemischen Vorgängen,

bei dem Wasser in den Kristallen an das Sulfat gebunden wird, entwickelt sich Wärme.

Wird Naturgips auf etwa 650 °C erhitzt, geht auch der letzte Rest an Wasser verloren, der Gips ist »*totgebrannt*«. Dieser Anhydrit erstarrt bei Aufnahme von Wasser viel langsamer als der gebrannte Gips. Steigert man die Temperatur sogar auf 1000 bis 1300 °C, so zerfällt ein Teil des Calciumsulfats in Calciumoxid und Schwefeltrioxid:

$CaSO_4 \rightarrow CaO + SO_3$

Dieser *Estrichgips* aus Calciumsulfat und Calciumoxid ergibt beim Anrühren mit Wasser ein wetterbeständiges festes und hartes Material, das schneller als Stuckgips, aber langsamer als Kalkmörtel erstarrt.

Aus Estrichgips wird in Verbindung mit Wasser und Kies der *Gipsbeton*, in Verbindung mit Wasser und Sand der *Gipsmörtel*.

Bariumsulfat bildet weiße Kristalle, die nicht nur in Wasser, sondern auch in Säuren und Laugen fast unlöslich, bzw. zumindest schwerlöslich sind.

Vom Magnesiumsulfat existieren verschiedene Hydrate mit bis zu zwölf Molekülen Kristallwasser je Molekül Magnesiumsulfat. Aus diesen Hydraten läßt sich das wasserfreie Magnesiumsulfat bei Temperaturen zwischen 400 und 500 °C ohne Zersetzung gewinnen. Das wasserfreie Magnesiumsulfat nimmt leicht Wasser aus der Luft auf, es wird feucht. Das Bittersalz enthält sieben Moleküle Kristallwasser, der Kieserit dagegen nur ein Molekül. Aus wässerigen Lösungen kann man diese Salze bei bestimmten Temperaturen als Kristalle erhalten, zwischen 2 und 48 °C das Bittersalz, oberhalb von 68 °C den Kieserit. An feuchter Luft ist das Bittersalz stabil, an trockener Luft dagegen gibt es nach und nach sein Kristallwasser ab.

Wasserfreies Natriumsulfat löst sich im Wasser unter Erwärmung, beim Lösen kristallwasser-haltiger Natriumsulfate kühlt sich das Wasser ab. Bei 32 °C kristallisiert aus Lösungen das Glaubersalz mit zehn Molekülen Hydratwasser aus. Diese Kristalle verwittern langsam an der Luft, wobei sie ihr Kristallwasser abgeben. Beim Abkühlen gesättigter Natriumsulfatlösungen unterhalb von 12 °C erhält man Kristalle mit nur sieben Molekülen Kristallwasser.

Wegen dieser bisher beschriebenen Eigenschaften läßt sich aus Rückständen der Kaliindustrie das dort vorhandene Magnesiumsulfat mit Natriumchlorid und Wasser wie folgt umsetzen:

$MgSO_4 \times 4 H_2O + 2 NaCl + 6 H_2O \rightarrow Na_2SO_4 \times 10 H_2O + MgCl_2$

Magnesiumchlorid bleibt im Wasser gelöst, Natriumsulfat fällt als Glaubersalz aus.

Geschichtliches

Die in der Natur vorkommenden Sulfate wie Gips (Calciumsulfat) und die Vitriole (Zink-, Eisen- und Kupfersulfat) waren bereits den frühen Chemikern als Mineralien bekannt. Im Unterschied zu den Römern verwendeten die Ägypter schon um 2600 vor Christus Gipsmörtel (anstelle des Kalkmörtels bei den Römern) zum Bau ihrer Pyramiden.
Die Bezeichnung Gips stammt vom lateinischen *Gypsum*. In der deutschen Sprache ist dieses Wort seit dem 12. Jahrhundert belegt. Gips und Kalk, das waren im Altertum die Mörtelstoffe, in einer Zeit, in der auch die Kunst der Gipsverarbeitung sich entwickelte (Türme von Jericho, Palast von Knossos). Im frühen Mittelalter wurde in Deutschland ebenfalls Gips für Mauern und Bauten, in den Zeiten von Barock und Rokoko in Form von Stukkaturen (z. B. im Charlottenburger Schloß in Berlin) in einer hochentwickelten Kunstform verwendet. Erst im 18. Jahrhundert begann eine klare Unterscheidung zwischen Gips und Kalk und damit auch eine Erforschung der Grundlagen der Gipstechnologie.
In Wundarzneibüchern des 16. Jahrhunderts finden wir Gips als Heilmittel: *»nim gestoszenen gips unnd 2 eyeklar, mach ein pflaster darausz«* (1956).
Über Gips als Düngemittel schreiben die Dichter Johann Peter HEBEL (1760 bis 1826) und Fritz REUTER (1810 bis 1875): *»ich treue gips auf meinen kleeacker«* (HEBEL) und . . . *»denn de professor Liebig hadd för de herrn landlüd en ganz entfahmtes bauk schrewen, dat krimmelt und wümmelt vull kahlen* (Kalk) *und zapeter* (Salpeter) *und swefel* (Schwefel) *un gips«* (REUTER).
Aus den Viotriolen wurde im Mittelalter die rauchende Schwefelsäure destilliert, das *Vitriolöl*. Aus den Mineralwässern von Epsom gewann man ab 1695 das Magnesiumsulfat, als Bitter- oder Epsomsalz bekannt. Das Natriumsulfat schließlich ist von dem Chemiker GLAUBER um 1648 aus Kochsalz und Schwefelsäure dargestellt worden – als Glauber- bzw. auch als Karlsbader Salz aus den Mineralquellen dieses Badeortes wurde es als Abführmittel bekannt.
Der *Alaun*, das Doppelsulfat aus Kalium- und Aluminiumsulfat, wird schon in der großen Enzyklopädie *»Historia naturalis«* des römischen Schriftstellers PLINIUS, der beim Untergang von Pompeji 79 nach Christus getötet wurde, als Salz in der Ledergerberei (wegen seiner eiweißfällenden Wirkung) beschrieben.
Die freie Säure dieser Salze, die Schwefelsäure, wurde bereits um 1300 von einem vermutlichen spanischen Chemiker unter dem Pseudonym GEBER beschrieben. Auch im wohl ersten Alchimie-Lehrbuch im Sinne einer Chemie und nicht der »Kunst des Goldmachens« von Andreas LIBAVIUS (um

1598 erschienen) wird der »*Spiritus Sulphuris*« beschrieben. Gelesen mit dem Wissen unserer Zeit enthält das Buch von LIBAVIUS folgende Fakten zur Bildung von Schwefelsäure: »Spiritus Sulphuris wird durch Verbrennen von Schwefel und Auffangen der Dämpfe in Glasglocken, die Feuchtigkeit enthalten, gewonnen. Es bildet sich also schweflige Säure, und bei der Berührung mit dem Sauerstoff der Luft wohl etwas Schwefelsäure, deren Identität mit der Schwefelsäure aus Eisenvitriol LIBAVIUS kannte. Falls der Schwefel mit Salpeterzusatz verbrannt wurde, was nicht unwahrscheinlich ist, so bildet sich von Anfang an Schwefelsäure.«

Die erste industrielle Herstellung begann in der Mitte des 18. Jahrhunderts – es wurde das *Bleikammer-Verfahren* entwickelt. Weitere technologische Fortschritte erfolgten im 19. Jahrhundert, die mit bekannten Namen wie GAY-LUSSAC und GLOVER und vor allem auch mit dem der Badischen Anilin- und Sodafabrik (BASF) verbunden sind.

Verwendung

Bereits in den vergangenen siebziger Jahren erreichte die geschätzte Weltförderung an Gips mehr als 70 Millionen Tonnen pro Jahr. Fast die Hälfte davon wurden in der Zementindustrie weiter verarbeitet, wo Gips jedoch weniger als 5 % an der Gesamtzementproduktion ausmacht. Außer in der Zementindustrie werden Gipse in der keramischen Industrie (als Formengipse), in der Papierindustrie (z. B. als Beimischung zum Zellstoff), in der Dachziegelherstellung und auch als Düngemittel verwendet. Aus dem Alltag sind uns vor allem der Einsatz in Gipsplatten, beim Vergipsen von Löchern und Eingipsen von Haken (aber auch von gebrochenen Gliedmaßen), als Bau- und Putzgips und z. B. in Form von *Rigipsplatten* (als mit Gips ausgefüllte Pappelagen) bekannt.

Weiße Malerfarben enthalten oft Bariumsulfat. Als Füllmaterial ist dieses Sulfat auch in Papieren und in Kautschukmaterialien enthalten. Da Schwerspat die Röntgenstrahlung und Gammastrahlen zurückhält, wird er zur Abschirmung in Kernkraftanlagen und als Röntgenkontrastmittel in der Medizin – z. B. bei Untersuchungen des Magens – eingesetzt.

Magnesiumsulfat wird sehr breit für die verschiedensten Zwecke verwendet – in der Textil- und Lederindustrie, Kosmetik- und pharmazeutischen Industrie, in der chemischen, Gummi- und Düngemittelindustrie. Im Düngemittel stellt jedoch das Magnesium die wirksame Komponente, den Pflanzennährstoff, dar. Magnesiumsulfat kann einerseits als Flammschutzmittel, andererseits zu medizinischen Zwecken gegen Verstopfung eingesetzt wer-

den. Die Haupterzeugerländer sind die Bundesrepublik Deutschland, die DDR und die USA.
Glas-, Farbstoff-, Textil- und Papierindustrie verwenden das Natriumsulfat. Waschmittel- und Glasherstellung benötigen den größten Teil, bei uns wird mehr als die Hälfte für Waschmittel eingesetzt. Als *Karlsbader Salz* findet das *Glaubersalz* auch im medizinischen Bereich Anwendung.

Sulfat im Boden

Im Boden findet ein Kreislauf des Schwefels statt, der vom Sulfid über das Sulfat bis zu den organischen Schwefelverbindungen reicht. Bei der Mineralisierung wird der organische Schwefel in Anwesenheit von genügend Sauerstoff über eine organische Schwefelsäure wieder als Sulfat freigesetzt. Liegt zunächst in den Gesteinen Schwefel als Sulfid (z. B. Eisen-) vor, so wird dieser sulfidische Schwefel auf dem Wege der Verwitterung unter Mitwirkung des Sauerstoffs zum Sulfat oxidiert. Bei diesen Umwandlungen spielen Mikroorganismen eine wesentliche Rolle.
Von den verschiedenen Sulfaten (Natrium-, Kalium-, Magnesium- usw.) sind nur einige spezielle Aluminiumsulfate, die Alaune, im Boden relativ schwerlöslich. Sie tragen auch zur Strukturbildung des Bodens bei und können außerdem in den Boden eindringende Säuren (s. Wasserstoff) abfangen (abpuffern). Das relativ schwerlösliche Calciumsulfat (Gips) wird in Böden nicht angereichert, da das Calciumsalz der Kohlensäure, das Calciumcarbonat (der Kalk) noch schwerer löslich ist. Calciumsulfat wird daher bei Anwesenheit von Carbonaten bzw. Kohlensäure in Kalk umgewandelt.
Bei der Gipsdüngung – hierbei soll dem Boden Nährstoff Calcium zugeführt werden – von carbonatreichen basisch reagierenden Böden bildet sich daher Calciumcarbonat, das Calcium wird auf diese Weise gespeichert.
Wegen der beschriebenen Löslichkeiten von Sulfaten im Wasser werden diese mit den Verwitterungslösungen aus neutralen und schwach sauren Böden überwiegend ausgewaschen und gelangen schließlich in die Meere.

Sulfat im Wasser

Man nennt die Sulfate *geochemisch bewegliche Stoffe*, da sie überwiegend gut in Wasser löslich sind und damit leicht weitertransportiert werden. Kommen die Wässer jedoch nicht aus Salzgebieten, so sind die Sulfatgehalte wegen der geringen Gehalte in den Gesteinen sehr niedrig (etwa unter 50 mg/l). In manchen Gebieten Deutschlands kommen jedoch Gipswässer mit einigen 100 bis 1000 mg/l vor. Infolge der Oxidation von Sulfiden und des Abbaus organischer Schwefelverbindungen unter Mitwirkung von Mikroorganismen können z. B. die Wässer aus Braunkohlengebieten oder diejenigen in der Nähe von Sulfiderzen hohe Sulfatgehalte aufweisen.

Weiterhin bringt der Mensch vor allem auf zwei Wegen Sulfat in den Wasserkreislauf – über die schwefeldioxidhaltigen Rauchgase (s. Schwefel) und die Sulfate in den Düngemitteln. Alle Niederschläge, ob Tau, Nebel, Regen oder Schnee, enthalten z. B. aus der Gischt von Ozeanen, aus dem Staub des Festlandes, der Oxidation von Schwefelwasserstoff meßbare Mengen an Sulfaten, wodurch diese in nicht unbeträchtlichen Mengen in den Wasserkreislauf gelangen.

Durch Fäkalien verunreinigte Gewässer weisen neben viel Nitrat, Chlorid und Phosphat auch erhöhte Schwefelkonzentrationen auf, denn Urin und Jauche sind stark sulfathaltig. Auch die Nähe von Mülldeponien führt über den Schwefelkreislauf zu einem Anstieg der Sulfatkonzentration in den Gewässern, vor allem auch im Grundwasser.

Unser Trinkwasser sollte nach Meinung von Fachleuten nicht mehr als 60 mg/l aufweisen – als Grenzwert werden 250 mg/l angesehen. Denn Gehalte von mehr als 200 bis 300 mg/l können zu Darm- und Magenstörungen führen. Vor allem in Form der Natrium- und Magnesiumsulfate haben sie eine abführende Wirkung. Auch am Beton werden bei Gehalten von mehr als 200 mg/l im Leitungswasser Schädigungen des Materials beobachtet, ebenso wird durch Sulfate der Mörtel bei diesen Konzentrationen angegriffen.

Sulfat in Pflanze, Tier und Mensch

Die Sulfate bilden die Schwefelquelle für die höheren Pflanzen. Sulfate werden in den Pflanzen zunächst an einen speziellen organischen Stoff gebunden, es entsteht das *aktive* Sulfat. Aktiv deshalb, weil es in dieser Form leicht auf die Stufe des Sulfides reduziert werden kann – auf biochemischem Wege (s. a. Kreislauf). Als sulfidischer Schwefel erfolgt dann der Einbau in die lebenswichtigen Aminosäuren, aus denen Eiweißstoffe aufgebaut werden, und auch in spezielle Enzyme, die als Biokatalysatoren wichtige Stoffwechselvorgänge (z. B. Aufbau von Fetten) erst möglich machen.

In den Pflanzen finden wir den Schwefel vor allem im Sproß, sowohl in anorganischer (Sulfat-) Form als auch nach den beschriebenen Umsetzungen in organisch-gebundener Form. Das anorganische Sulfat stellt für die Pflanzen eine Schwefelreserve dar, die bei Bedarf *aktiviert* und leicht – wegen der guten Löslichkeit – transportiert werden kann. Junge Pflanzenteile enthalten mehr organische Schwefelverbindungen, in älteren dagegen kann der organisch-gebundene Schwefel auch wieder zu anorganischem Sulfat abgebaut werden.

Die Nahrung des Menschen enthält nur wenig Sulfatschwefel. Sulfate werden vom Körper kaum zurückgehalten (*resorbiert*), sondern fast vollständig wieder ausgeschieden. Mit dem Urin werden täglich etwa 2,5 bis 3 g als Sulfat (entsprechen 1 bis 1,2 g Schwefel) und nur ein Zehntel dieser Menge zusätzlich in organisch-gebundener Form ausgeschieden. Dieser Sulfatschwefel stammt aus dem Schwefelstoffwechsel. Die zur Eiweißsynthese nicht benötigten schwefelhaltigen Aminosäuren (Cystin und Methionin) aus der Nahrung – die tägliche Schwefelaufnahme durch die Lebensmittel beträgt etwa 1 bis 1,5 g – werden abgebaut, der darin enthaltene Schwefel zum Sulfat oxidiert.

Unter den Heilwässern, den Mineralwässern mit nachgewiesenen medizinischen Wirkungen, die zu Trink- und Brunnenkuren verwendet werden, spielen die Sulfatwässer eine wichtige Rolle. Man unterscheidet sie nach der Art der Sulfatsalze, also nach Natrium-, Magnesium-, Calcium- usw. Sulfatwässern. Die Natriumsulfatwässer werden als *salinische* Abführmittel, die Magnesiumsulfatwässer als Bitterwässer bezeichnet. Das Friedrichshaller Bitterwasser (aus der DDR) beispielsweise enthält überwiegend Magnesiumsulfat – mit einem Gesamtmineralstoffgehalt von mehr als 21 g/l und mit mehr als 10 g Sulfat.

Sulfat im Test

Der Teststreifen enthält vier hellrote Zonen mit unterschiedlichen Mengen eines Indikators, der nur auf Sulfat-Ionen reagiert. Das Teststäbchen wird zwei bis drei Sekunden lang in die zu prüfende Lösung eingetaucht, wobei alle vier Testzonen voll benetzt werden müssen. Danach schüttelt man die überschüssige Flüssigkeit, die nicht von den Testzonen aufgesogen wurde, ab und beurteilt nach zwei Minuten die erhaltenen Verfärbungen (s. a. Farbskala im Buchvorsatz):
- Die hellroten Testzonen können je nach Sulfatgehalt in der Lösung in unterschiedlicher Zahl nach Geld umschlagen.
- Bleiben alle vier Zonen hellrot gefärbt, so liegt der Sulfatgehalt unter 200 ppm (mg/l).

- Sind drei Zonen hellrot und eine Zone gelb gefärbt, so liegt der Sulfatgehalt zwischen 300 und 400 ppm.
- Zwei hellrote und zwei gelbe Testzonen entsprechen einem Gehalt von 500 bis 800 ppm.
- Eine hellrote und drei gelbe Zonen bilden sich bei Konzentrationen zwischen 900 und 1400 ppm.
- Sind alle Testzonen gelb gefärbt, so hat der Gehalt an Sulfat-Ionen den Bereich von 1600 ppm überschritten.

Wenn man sich die Färbungen der einzelnen Testzonen sehr genau ansieht, so kann man auch Gehalte an den oberen Grenzen der angegebenen Bereiche erkennen: Liegt die Konzentration an Sulfat in einer Lösung gerade an der oberen Grenze eines Umschlagsbereiches, so zeigt die jeweilige Testzone einen etwa 4 mm breiten, gelben Streifen, der an beiden Rändern noch rote Verfärbungen zeigt. Um solche Grenzwerte erkennen zu können, muß man jedoch genau hinschauen.

Vor der Anwendung dieses Testes muß der pH-Wert der Lösung geprüft werden: er soll zwischen pH 4 und 8 liegen.

Die Anwendungsbeispiele ergeben sich aus dem vorangegangenen Text. Sie reichen von **Mineralwässern, Trinkwasser** über die verschiedensten **Oberflächen- und Grundwässer** bis zum **Abwasser**, weiterhin können **Waschmittel, Salzmineralien, Bodenproben** (nach dem Schütteln mit Wasser), **Baumaterialien** und viele andere Stoffe unserer Umwelt getestet werden, wobei die Sulfate in jedem Fall zunächst in Wasser gelöst werden müssen.

9 Schwefel als Sulfit

Vorkommen

Nach Sauerstoff und Silicium kommt der Schwefel am häufigsten in Mineralien mit insgesamt 0,048 % der Erdkruste und Platz 15 in der Häufigkeitstabelle der Elemente vor.

Schwefel finden wir auf unserer Erde in den verschiedensten Formen, jedoch nicht als instabiles, leicht oxidierbares Sulfit: als elementaren Schwefel (z. B. in großen Lagern auf Sizilien, in den USA – Texas und Louisiana –, in Mexiko), gebunden jedoch in erheblich größeren Mengen als Sulfat, zusammen mit Alkali- und Erdalkalimetallen, als Gips, Magnesiumsulfat,

Natriumsulfat usw., oder als Sulfid mit Metallen wie Eisen, Arsen, Antimon, Zinn, Blei, Kupfer und Quecksilber.

Auch aus Vulkanen gelangt Schwefel als Schwefelwasserstoff (s. dort) oder auch als Schwefeldioxid in die Atmosphäre. Ca. 360 Tonnen Schwefeldioxid wurden täglich in den Jahren um 1970 als täglicher Ausstoß (Emission) des San Cristobal-Vulkans in Nicaragua registriert. Treffen beide Schwefelgase zusammen, so entstehen dicke Schwefelwolken nach der Gleichung:

$2 H_2S + SO_2 \rightarrow 3 S + 2 H_2O$

Schwefel ist auch ein Bestandteil lebender Organismen, er kommt in Eiweißstoffen vor. Haare, Federn, Horn und Hufe enthalten relativ viel solchen organisch-gebundenen Schwefel. Durch den Abbau der Organismen (Verwesung) ist somit Schwefel auch in die Kohle und in das Erdöl gelangt. Der Schwefel in den Steinkohlen stammt aus dem Eiweiß in Urzeiten abgestorbener Pflanzen. Die Gehalte in Kohle und Öl liegen bei ein bis 2 %. Sie sind zwar relativ gering, im Hinblick auf die Reinhaltung der Luft bereiten sie uns heute jedoch die größten Probleme, womit wir wieder beim Schwefeldioxid in die Atmosphäre geschickt. 1975 wurden aus Kraftwerken, entsteht.

Von den Vulkanen werden jährlich schätzungsweise zehn Millionen Tonnen Schwefeldioxid in die Atmosphäre geschickt. 1975 wurden aus Kraftwerken, durch den Verkehr, aus Haushalten und aus der Industrie allein in der Bundesrepublik ca. 3,6 Millionen Tonnen emittiert.

Gewinnung des Schwefeldioxids

Schwefeldioxid entsteht durch die Verbrennung von elementarem Schwefel an der Luft. In der Industrie fällt Schwefeldioxid in erster Linie beim Rösten schwefelhaltiger Erze in größeren Mengen an (s. a. unter Eisen):

$4 FeS_2 + 11 O_2 \rightarrow 2 Fe_2O_3 + 8 SO_2 + 3300$ kJoule

Aus dem Pyrit, dem *Eisenkies*, entstehen im Luft- bzw. Sauerstoffstrom das Eisen(III)-oxid und das Schwefeldioxid, wobei Energie in Form von Wärme freigesetzt wird.

Schwefeldioxid wird in der Regel zu Schwefelsäure weiter verarbeitet: An festen Katalysatoren, die heute meist das Metall Vanadium enthalten, wird Schwefeldioxid zu Schwefeltrioxid oxidiert, welches sich dann im Wasser zur Schwefelsäure löst:

1. $2\,SO_2 + O_2 \rightarrow 2\,SO_3$
2. $SO_3 + H_2O \rightarrow H_2SO_4$

Das hierfür benötigte Schwefeldioxid-Luft-Gemisch erhält man aus dem Röstvorgang von *Pyrit* (FeS_2), auch des *Bleiglanzes* (PbS) oder der *Zinkblende* (ZnS) sowie auch aus der direkten Verbrennung des Schwefels oder des Schwefelwasserstoffs.

Der Schwefel wiederum kann, sofern er in elementarer Form vorliegt, aus dem Gestein (wie in den USA) mit Hilfe von überhitztem Wasserdampf ausgeschmolzen werden. Sein Schmelzpunkt liegt bei 119 °C. Durch Einleiten von Schwefeldioxid in Laugen wie Natronlauge oder Kalilauge erhält man dann Lösungen von Salzen, aus denen sich die entsprechenden Sulfite auskristallisieren lassen.

Das beim Abrösten von *Pyrit* (s. Eisen) entstehende Schwefeldioxid kann aus den Verbrennungsgasen durch Waschen mit kaltem Wasser, z. B. besonders wirksam auch unter Druck, gewonnen werden.

Auch durch die Verbrennung von Schwefelwasserstoff und durch das Erhitzen von *Gips* (Calciumsulfat) in einem Gemisch mit Kohle und Sand oder Ton auf 1400 °C erhält man Schwefeldioxid:

1. $2\,H_2S + 3\,O_2 \rightarrow 2\,H_2O + 2\,SO_2$
2. $2\,CaSO_4 + C \rightarrow 2\,CaO + 2\,SO_2 + CO_2$

Eigenschaften

Schwefeldioxid ist ein farbloses, stechend riechendes, nicht brennbares Gas. Es ist 2,3 mal schwerer als Luft. Bei Temperaturen unter $-10\,°C$ ist es flüssig, bei $-72,5\,°C$ bilden sich sogar weiße Kristalle. In Wasser löst sich dieses Gas sehr gut, es reagiert im Wasser als Säure (s. a. Wasserstoff). Als Reduktionsmittel entfärbt Schwefeldioxid viele organische Farbstoffe, bei der Oxidation der Salze der schwefligen Säure (von Sulfiten), die überwiegend gut im Wasser löslich sind, entsteht das entsprechende Sulfat. Die Sulfite werden durch Lösen von Schwefeldioxid in Basen gebildet.

Schwefeldioxid ist ein nicht brennbares Gas, d. h. es reagiert auch nicht in der Hitze mit dem Sauerstoff. Mit Hilfe eines Katalysators gelingt es jedoch, Schwefeldioxid zu Schwefeltrioxid zu oxidieren, welches im Wasser gelöst dann die Schwefelsäure ergibt. Solche katalytischen Vorgänge spielen sich auch bei der Luftverschmutzung durch Schwefeldioxid ab.

Nicht die Eigenschaft als Säure, sondern die Oxidationsmöglichkeit des

Schwefeldioxids, bzw. dessen reduzierende Eigenschaft, ist das wesentliche Merkmal, das zur Anwendung als Konservierungsmittel und Desinfektionsmittel und auch zu den Problemen in unserer Umwelt führt.
In flüssiger Form kann Schwefeldioxid in Stahlflaschen transportiert werden, da das trockene Gas Eisen nicht angreift.

Geschichtliches

Schwefeldioxid als Desinfektionsmittel wurde bereits von den alten Griechen verwendet. HOMER erwähnt in seinen Werken, in seiner bekannten Odyssee (XXII, 481 – entstanden etwa um 950 vor Christus), die Verbrennung von Schwefel, der in freier Form als Element in der Natur schon in vorgeschichtlichen Zeiten bekannt war – zum Zwecke der Desinfektion. Die Griechen bezeichneten den Schwefel als »theion«, die Römer als »sulfur«. Der lateinische Name hat diesem Element auch das chemische Symbol S gegeben.
Die hervorstechenden Eigenschaften des Schwefels, die gelbe Farbe des Schwefelpulvers, die leichte Schmelz- und Brennbarkeit mit bläulicher Flamme und der stechende Geruch der Verbrennungsprodukte (überwiegend des Schwefeldioxids) waren Anlaß genug, die Neugier unserer Vorfahren zu wecken. Diese Eigenschaften sind sicher auch der Grund dafür gewesen, daß Schwefel zu religiösen Zwecken verwendet wurde. Der griechische Arzt DIOSCURIDES (lebte im 1. Jahrhundert nach Christus) berichtet über die Verwendung von Schwefel in der Heilkunde. Die Anwendung von Schwefel wurde dann auch von den Römern übernommen. Bereits bei den Ägyptern müssen schon wesentliche Kenntnisse über den Schwefel vorhanden gewesen sein. Sie bleichten schon vor 4000 Jahren Gewebe mit Verbrennungsgasen. Auch spezielle, uns bekannte ägyptische Farben aus dem 16. Jahrhundert vor Christus ließen sich vermutlich ohne die Verwendung von Schwefelverbindungen nicht gewinnen.
Die Alchimisten haben sich dann im Mittelalter besonders intensiv mit dem Schwefel beschäftigt. Schwefel galt als Sinnbild für alles Brennbare, sich Verflüchtigende. Mit der Einführung des Schießpulvers in Europa am Anfang des 14. Jahrhunderts wurde Schwefel dann besonders interessant. In zeitgenössischen Quellen des Konrads von MEGENBERG (geboren 1309 auf Mainberg bei Schweinfurt, gestorben 1374 in Regensburg) in seinem »buch der natur« finden wir: »*nachdem Bartholdus Schwarz den hizigen schwöbel* (Schwefel) *mit dem kalten saliter* (Salpeter) *vergeschwistrigt*«.
Der besondere Geruch von Schwefeldioxid, des »*spiritus volatilis vitrioli*«,

erst 1648 von GLAUBER dargestellt und 1775 von PRIESTLEY als neue Gasart näher untersucht, wird in der noch heute bekannten Redewendung »*nach Schwefel stinken*« deutlich.
Der berühmte französische Chemiker LAVOISIER, der zur Zeit der französischen Revolution lebte und ein Opfer der Guillotine wurde, wies die Verwandtschaft zwischen der schwefligen Säure, der Lösung von Schwefeldioxid im Wasser, und Schwefelsäure nach. Er erkannte, daß schweflige Säure weniger Sauerstoff als die Schwefelsäure enthält.
SCHILLER schreibt in seinen Räubern (1, 253): »*Wie stinkt er doch nach Eau d'Levande? Eh' möcht ich Schwefel riechen*«, GOETHE im Faust II: »*Er (der Teufel) ist nicht weit, es riecht hier stark nach Schwefel*«. Nach dem GRIMMschen Wörterbuch stammt unser heutiges Wort Schwefel vom althochdeutschen »*suebal*« (mittelhochdeutsch dann »*swebel*«, »*swevel*«). Es heißt dort: »*das wort ist wol eine ableitung zu dem alten verbum sweban, schlafen . . ., und bezeichnet demnach ursprünglich die erstickende, einschläfernde oder tötende wirkung des brennenden schwefels.*«
Nach neueren sprachwissenschaftlichen Untersuchungen soll die lateinische Bezeichnung *sulfur* aus dem Sanskrit von *shulbari* (Feind des Kupfers) abzuleiten sein. Feind des Kupfers, weil sich Schwefel sehr leicht mit dem Metall zum Metallsulfid verbindet. Auch vom Schwefeldioxid wird Kupfer angegriffen.
Den Namen Schwefel finden wir häufig in Verbindung mit Pech: »*Sie halten zusammen wie Pech und Schwefel*«, »*wie Pech und Schwefel brennen*«, »*Pech und Schwefel regnen lassen*«, »*einem Pech und Schwefel wünschen*«.
Auch in der Bibel heißt es: »*Da ließ der Herr Schwefel und Feuer regnen von dem Herrn vom Himmel herab aus Sodom und Gomorra*« (1. Mose 19,24). Nach biblischer Darstellung besteht auch die Hölle aus brennendem Schwefel: »*Der wird von dem Wein des Zornes Gottes trinken, . . . und wird gequält werden von Feuer und Schwefel*« (Offenb. Joh. 14, 10).
Schwefel in Verbindung mit dem Atem des Teufels und von Drachen oder dem Krachen von Büchsen (»*mit Stahl und Schwefel*«) als Schwefeldampf und Schwefelknall (mit »*Gift und Schwefel*«) sind weitere Zuordnungen dieses Elementes bzw. für das Schwefeldioxid.
Die Sprache unserer Zeit kennt Schwefel auf der einen Seite in medizinischen Zusammenhängen wie Schwefelbädern, Schwefelpuder, Schwefelwässer (s. a. Schwefel als Schwefelwasserstoff) oder das Schwefeln zur Konservierung bzw. Desinfektion, auf der anderen Seite aber auch als *gelbes Gift*, als *sauren Regen*, als Schadstoff in unserer Luft.

Verwendung von Schwefeldioxid und Sulfiten

Das in der Industrie hergestellte Schwefeldioxid wird überwiegend zur Herstellung von Schwefelsäure verwendet. Nur etwa 1 % dieser Menge (1979 3,3 Millionen Tonnen SO_2 für die Schwefelsäureproduktion und nur 40 000 Tonnen als SO_2 – in der Bundesrepublik Deutschland –) wurden für andere Zwecke weiter verarbeitet. Dieser industriell erzeugten Gesamtmenge stehen aus der Verbrennung schwefelhaltiger fossiler Brennstoffe 3,6 Millionen Tonnen (1975) in den Rauchgasen und damit in unserer Luft gegenüber.
Das industrielle Schwefeldioxid wird z. B. in der Zellstoffindustrie in Form von Ammoniumsalzen (Salze aus Ammoniak als Base und schwefeliger Säure) für den Aufschluß von Holz zur Herstellung des *Sulfitzellstoffs* oder auch zum Bleichen von Zellstoff, in der chemischen und pharmazeutischen Industrie zur Herstellung von speziellen Chemikalien, auch von Gelatine und Leimen, als Bleichmittel in der Textil- und Lederindustrie, als Konservierungs- und Desinfektionsmittel in der Lebensmittelindustrie eingesetzt. In der letzteren vor allem zur Sterilisierung in Brauereien, zur Gärungsregulierung und Konservierung in der Weinherstellung.
Mit Hilfe von Schwefeldioxid werden Fässer und Konservengläser desinfiziert (*geschwefelt*). Aus speziellen Ölen wie Lein- oder Sojaöl lassen sich aufgrund seiner chemischen Eigenschaften, nämlich der Reduktionsfähigkeit, unangenehm riechende Stoffe entfernen – sie werden durch die Reduktion zerstört.
Vergasungspatronen aus Schwefel und Salpeter (Kaliumnitrat) entwickeln beim Entzünden Schwefeldioxid (der Schwefel wird dabei oxidiert), das in unterirdischen Gängen gegen Wühlmäuse und Ratten tödlich wirkt.
Überall dort, wo Gärungsvorgänge, also die Tätigkeit von Mikroorganismen, unterbunden werden sollen (z. B. auch bei Silofutter), ist Schwefeldioxid ein sehr wirksamer chemischer Stoff.
Als Zusatzstoff in der Lebensmittelkonservierung werden die Salze Natriumsulfit, Natriumhydrogensulfit (-bisulfit) und auch Kalium- bzw. Calciumsalze neben dem Schwefeldioxid verwendet. Sie sind nach der Zusatzstoff-Zulassungs-Verordnung unserer Lebensmittel- und Bedarfsgegenständegesetze erlaubt.

Sulfit im Boden und Wasser

Im Boden sind Salze der schwefeligen Säure wegen ihrer leichten Oxidierbarkeit zu Sulfaten nicht stabil. In Gesteinen und Sedimenten liegt das Element

Schwefel als elementarer Schwefel, an Metalle gebunden als Sulfid oder als Sulfat vor. Bei Verwitterungsvorgängen werden Sulfide bei Sauerstoffzutritt bis zum Sulfat oxidiert.
Diese Oxidation der Sulfide (z. B. aus dem Eisensulfid Pyrit, s. Eisen) kann auf biologischem Wege, beispielsweise durch Bakterien oder Pilze, oder auch nichtbiologisch ablaufen – die erste Stufe bildet in beiden Fällen der elementare Schwefel. Die weitere Oxidation führt in Verbindung mit Wasser zu Säuren, der schwefeligen Säure als Zwischenstufe und der Schwefelsäure als Endstufe:

$2\ FeS_2 + 1\ ½\ O_2 \rightarrow Fe_2O_3 + 4\ S$

Aus Pyrit wird bei Anwesenheit von genügend Sauerstoff, also in gutdurchlüfteten Böden, das Eisen(III)-oxid und elementarer Schwefel.

$S + O_2 + H_2O \rightarrow H_2SO_3$

Der Schwefel kann dann zu Schwefeldioxid oxidiert werden, das sich in Wasser zur schwefeligen Säure löst.

$2\ H_2SO_3 + O_2 \rightarrow 2\ H_2SO_4$

Die schweflige Säure wird schließlich zur stabilen Schwefelsäure oxidiert.
Die Schwefeloxidation hat in der Natur demnach eine *versauernde* Wirkung (s. a. Wasserstoff). Diese Wirkung wird bei der *Schwefeldüngung* ausgenutzt: Bei alkalischen Böden (Alkaliböden) führen schwefelhaltige Dünger zu einer erwünschten Erniedrigung des pH-Wertes, also zu einer Versauerung. Eine spezielle Bakterienart, der *Thiobacillus*, gewinnt sogar allein aus der Schwefeloxidation die für seinen Stoffwechsel und die Vermehrung notwendige Energie.
Außer der beschriebenen Schwefeloxidation können in Böden unter bestimmten Bedingungen auch Schwefelreduktionen, also Vorgänge in der entgegengesetzten Richtung stattfinden: In überfluteten Böden, wie z. B. den periodisch unter Wasser stehenden Wattböden, liegt Schwefel überwiegend als Sulfid und an Eisen gebunden als Eisensulfid vor, das dem Watt die bekannte dunkle Farbe verleiht. In anderen überfluteten Böden, in denen kaum eine Durchlüftung mit Sauerstoff stattfinden kann, können auch Sulfate durch bestimmte Bakterien bis zum Sulfid reduziert werden. Voraussetzung für das optimale Gedeihen dieser Bakterien ist ein ausgesprochener Mangel an Sauerstoff.
Auch in Seen wurden Bakterienarten gefunden, die den im Wasser gelösten Gips (Calciumsulfat) zu Calciumsulfid (CaS) reduzieren können. Andere Bakterien, die z. B. in den Seen der Cyrenaika (Ostlibyen am Rande der Sahara) gleichzeitig vorhanden sind, oxidieren dagegen das Sulfid zum

Schwefel, so daß auf diesem biologischen Wege mehr als 100 Tonnen elementarer Schwefel in diesen Seen jährlich entstehen.
Bei der Mineralisierung organischer, schwefelhaltiger Stoffe im Boden entstehen ebenfalls die bisher schon beschriebenen Schwefelverbindungen. Auf der anderen Seite wird Schwefel aber auch durch die Umsetzungsprozesse im Boden in organische Stoffe, wie z. B. in die Aminosäuren, eingebaut, die in den Eiweißstoffen niederer und höherer Organismen benötigt werden. Neben dem intensiv riechenden anorganischen Schwefelwasserstoff (s. dort) werden im Boden auch organische flüchtige Schwefelverbindungen (*Mercaptane*) gebildet, die ebenfalls unangenehm riechen – sie entstehen auch in den Klärschlämmen. Bilden sich Sulfate, so werden diese durch den Niederschlag bis auf spezielle, relativ schwerlösliche Aluminiumsulfate (*Alaune*) weitgehend ausgewaschen und gelangen so in Grund- und Oberflächenwässer (s. Schwefel als Sulfat). Sulfit spielt im Boden und im Wasser nur die Rolle eines instabilen Zwischenproduktes, das entweder zum Sulfat oxidiert oder zum Schwefel und sogar zum Sulfid reduziert wird (s. a. Kreisläufe). Schwefel kommt in der Natur in verschiedenen Oxidationsstufen vor, Schwefel hat die Stufe 0, Sulfid −2, Sulfit +4 und Sulfat +6. Als Sulfat, in der höchsten Oxidationsstufe, ist Schwefel in Verbindung mit anderen Elementen, hier dem Sauerstoff, am stabilsten.

Schwefeloxid in der Luft

Schwefel gehört zu den Elementen, für die ein sehr komplexer Kreislauf in der Natur – aufgrund geochemischer und biologischer Vorgänge – existiert. In Gesteinen und Sedimenten finden wir elementaren Schwefel, Metallsulfide und Sulfate. Über die im Wasser löslichen Sulfate gelangt Schwefel in die Bioorganismen, deren Schwefelgehalte (mit 0,8 bis 5 % in den Eiweißstoffen) nach dem Absterben wieder in den Kreislauf Wasser/Boden zurückkehren. Unsere zur Zeit wichtigsten Energieträger – Steinkohle, Öl und Braunkohle –, deren organische Substanzen aus Kleinlebewesen (Erdöl) bzw. von Pflanzen (Kohle) stammen, enthalten daher Schwefel in verschiedenen Formen und Verbindungen. Beim Verbrennen entsteht Schwefeldioxid, das mit den Verbrennungsgasen über die Atmosphäre den Kreislauf des Schwefels schließt. Bei Fäulnisvorgängen wird Schwefel außerdem auch als Schwefelwasserstoff freigesetzt (s. a. Schwefelwasserstoff).
Der größte Teil des Schwefeldioxids in unserer Luft (etwa 80 %) stammt aus industriellen Feuerungsanlagen (zur Energie- und Wärmeerzeugung, vor allem aus den Großkraftwerken). Die Emissionen aus den Haushalten und

kleineren Gewerbebetrieben liegen bei etwa 13 %, die aus industriellen Produktionsanlagen (Zellstoff-, Schwefelsäureproduktion, Erzaufbereitung, Eisen- und Stahlindustrie) bei 5 %. Nur 2 % des Schwefeldioxids stammen aus dem Kraftfahrzeugverkehr. Kohle enthält 0,5 bis 1,5 %, Heizöl sowie Dieselkraftstoff seit 1979 nicht mehr als 0,3 % und Benzin nur $1/4000$ % Schwefel.

Vor allem die Schwefeldioxid-Emissionen aus Industriefeuerungen und Kraftwerken werden hoch in die Atmosphäre abgegeben, so daß sie sich mit den Luftströmungen weit über das Land verteilen können. Aus den Hausschornsteinen erfolgt vor allem in den austauscharmen Wintermonaten eine stark regionale Belastung. Vor allem in Städten und bei bestimmten Wetterlagen (den *Inversionslagen*, bei denen kältere Luft über der wärmeren am Boden liegt) können die gebildeten Schwefeldioxidmengen nicht mehr genügend schnell in die höhere Atmosphäre entweichen. In Verbindung mit Nebel spricht man dann von einer *Smog*-Situation. Der Begriff *Smog* allein bezeichnet jedoch nur die sichtbare Verunreinigung der Atmosphäre mit Staub in städtischen und industriellen Ballungsgebieten.

Der Staub, aus Kohlenstoff und auch Metalloxiden (s. Zink und andere Metalle), bildet zum einen die Kondensationskeime für die Feuchtigkeit in der Luft: es bildet sich Nebel; zum anderen aber auch den Katalysator, der über komplizierte chemische Vorgänge, auch unter Mitwirkung von Stickoxiden (s. Nitrit) die Oxidation zum Schwefeltrioxid bewirkt, das sich mit Wasser zur Schwefelsäure verbindet (Schwefeltrioxid wird deswegen auch als das Anhydrit der Schwefelsäure bezeichnet):

$$H_2SO_4 - H_2O \rightarrow SO_3$$
oder
$$SO_3 + H_2O \rightarrow H_2SO_4$$

Die schädlichen Wirkungen von Schwefeldioxid in der Luft beruhen sowohl auf der Säurewirkung – nach Umwandlung in Schwefelsäure – als auch auf der beschriebenen Reduktionswirkung. Unser Geruchsschwellenwert liegt bei 1 bis 3 mg/m^3 für dieses stechend riechende und auch stechend schmeckende Gas. Schwefeldioxid ist ein Reizgas für die oberen Atemwege. Eine länger anhaltende Belastung mit Luftkonzentrationen von 0,2 bis 0,5 mg/m^3 führt bereits zu ersten feststellbaren Veränderungen in der Lungenfunktion. Pflanzen reagieren noch empfindlicher auf das Schwefeldioxid: Besonders empfindliche Pflanzen sind Nadelbäume wie die Fichte, Begonien und auch die Gerste, bei denen Konzentrationen über 0,4 mg/m^3 zu einer Schädigung durch Chlorophyllabbau führen. Erst für Konzentrationen unter 0,05 mg/m^3 konnten keine schädigenden Wirkungen nachgewiesen werden.

Weitere Auswirkungen sind bei Anwesenheit von Wasser das Rosten von Eisen (aufgrund der Säurewirkung, also eine verstärkte Metallkorrosion) und der Angriff säureempfindlicher Bausteine wie Kalkstein und Beton, eine Verwitterung von Baumaterialien, die wir vor allem auch an historischen Bauten wie dem Kölner Dom in größerem Ausmaß beobachten müssen.
Wegen dieser Auswirkungen – und in Verbindung mit weiteren Schadstoffen der Luft, auch wegen der zur Zeit breit diskutierten Erkrankungen wie dem *Pseudokrupp* bei Kindern – wurden von der Bundesregierung (zuletzt im Frühjahr 1983) Grenzwerte für die Belastung der Luft durch Schwefeldioxid festgelegt.
Als bodennahe Schadstoffbelastung (Immission, s. Abb. S. 17) dürfen nach der »Technischen Anleitung zur Reinhaltung der Luft« (kurz TA Luft genannt – Verwaltungsvorschrift zum Bundesmissionsschutzgesetz) als Grenzwert 0,14 mg/m^3 Schwefeldioxid nicht überschritten werden. Als Kurzzeitwert sind 0,4 mg/m^3 erlaubt. Zur Ergänzung dieser Grenzwerte gelten *maximale Immissions-Konzentrationen (MIK-Werte)* mit 1,0 mg/m^3 für die Dauer einer Stunde, 0,3 mg/m^3 als Mittelwert innerhalb von 24 h, und 0,1 mg/m^3 als Mittelwert für ein Jahr.
Die Wirkung von Schwefeldioxid wird vor allem durch die Anwesenheit von Staub verstärkt. Bei der Londoner Smog-Katastrophe 1952 wurden zahlreiche Bronchitis-Erkrankungen festgestellt. Außerdem führt Schwefeldioxid nach der Oxidation zu Schwefelsäureregen, dem »*Sauren Regen*«, der nicht nur eine Zerstörung von Bauten und Denkmäler, sondern auch eine gefährliche Übersäuerung unserer Böden zur Folge hat.
Automatisierte Meßstationen, insbesondere in Nordrhein-Westfalen, in Kombination mit einem Smog-Alarmplan sorgen zur Zeit in dem am meisten gefährdeten Land für eine Überwachung dieser Grenzwerte. Die Entschwefelung von Brennstoffen sowie die Entwicklung und Anwendung von Rückhaltetechniken für Schwefeldioxid aus den Rauchgasen von Kraftwerken sind daher die zur Zeit heiß diskutierten politischen Forderungen des Umweltschutzes.

Physiologische Wirkungen von Schwefeldioxid und Sulfit

Schwefeldioxid ist zu den toxischen Stoffen zu rechnen. Vergiftungserscheinungen zeigen sich beim Menschen nicht nur in Entzündungen der Atemwege, sondern auch in Hornhauttrübungen der Augen. Lösungen von Schwefeldioxid in Wasser im Verhältnis 3 : 1000 können bereits die Magenwände verätzen. Alle Schädigungen beruhen auf einer Reizung der feuchten

Schleimhäute durch die Bildung von schwefliger Säure. Konzentrationen ab etwa 1 g/m³ in der Atemluft wirken bereits nach einigen Stunden auf den Menschen tödlich. Die langfristige Einwirkung überhöhter Konzentrationen führt in schweren Fällen zum Lungenödem und schließlich zu einem Herz-Kreislauf-Versagen. Als weitere Symptome chronischer Erkrankungen durch Schwefeldioxid werden auch Appetitlosigkeit, eine Verringerung im Geschmacksempfinden, Entzündungen der Zunge und der Augen, vor allem der Bindehäute, angeführt. Schweflige Säure wird im Körper zur Schwefelsäure oxidiert und schließlich im Urin ausgeschieden, der durch die Schwefelsäure einen höheren Säuregehalt (also einen niedrigeren pH-Wert) aufweist.

Das *Schwefeln* von Behältern hat zum Zweck, Mikroorganismen abzutöten oder zumindest in ihrem Wachstum zu hemmen. Auch Insekten lassen sich in verschlossenen Räumen mit 2 Volumenprozent Schwefeldioxid innerhalb einiger Stunden töten (vernichten). Wegen der Wachstumshemmung von Mikroorganismen wurden früher auch Krankenzimmer durch Schwefelung desinfiziert. Die Wirkungen auf die sehr empfindlich reagierenden Pflanzen wurden bereits im Abschnitt über Schwefeldioxid in der Luft beschrieben. Akute Schädigungen der Blätter, die sich als *Nekrose* in der Gelbfärbung und Verformung sowie schließlich dem Abfallen vorher grüner Blätter bemerkbar machen, sind wahrscheinlich auf die Hemmung der Photosynthese zurückzuführen.

Wegen der bakterienhemmenden Wirkung wird Schwefeldioxid bzw. in Form von Sulfit auch als Konservierungsmittel für Lebensmittel eingesetzt. Die Palette der Lebensmittel, denen Schwefeldioxid bzw. die Salze der Schwefligen Säure nach dem Lebensmittel-Zusatzstoff-Zulassungsgesetz der Bundesrepublik Deutschland zugesetzt werden dürfen, reicht von Trockenfrüchten, getrockneten Gemüsen (wie Spargel, Sellerie, Blumenkohl, Zwiebeln), Gemüse in Essig, Obstgeliersaft, lufttrockener Speisegelatine, Konfitüre (Marmelade), über Stärke- und Kartoffelerzeugnisse (wie Chips, Kartoffelkloßmehl) bis zu den Weinen. Die gesetzlich erlaubten Gehalte reichen von 15 mg/kg (z. B. Flüssigzucker) bis zu 2000 mg/kg (z. B. in Trockenfrüchten wie Aprikosen, Birnen, Pfirsiche).

Neben der antimikrobiellen Wirkung spielen hier in den Lebensmitteln weitere erwünschte Wirkungen eine Rolle: die Erhaltung der natürlichen Farben und die Verhinderung von Farbbildungen aufgrund von Oxidationsvorgängen. Farbveränderungen (z. B. Bräunungen wie bei geschälten Kartoffeln), die durch Enzyme möglich sind, werden verhindert, da Sulfit mit dem dafür notwendigen Sauerstoff schneller reagiert bzw. die Enzyme *inaktiviert* werden. Sulfit wirkt daher auch als *Antioxidationsmittel*. Es verhindert andere Oxidationsvorgänge, die zu den Bräunungen führen.

Im schwach sauren Bereich, bei pH 4, ist die antiseptische Kraft der Sulfite, bzw. des im Wasser gelösten Schwefeldioxids, am stärksten. Die Wirkungen gegenüber den verschiedenen Mikroorganismen sind jedoch unterschiedlich: Bakterien werden stärker angegriffen als Hefe- und Schimmelpilze.
In der Weingewinnung wird der unvergorene Most unmittelbar nach der Kelterung geschwefelt. Auf diese Weise bleiben luftempfindliche (d. h sauerstoffempfindliche) Saftstoffe erhalten, und auch hier werden enzymatische Braunfärbungen der Moste bzw. Jungweine verhindert. Der im Wasser gelöste Sauerstoff wird bei der Oxidation von Sulfit verbraucht, dadurch können sich Essigbakterien, wilde Hefen und Schimmelpilze, die den Sauerstoff benötigen, nicht vermehren. Das Wachstum der echten Weinhefen dagegen wird nicht beeinträchtigt; sie führen zur Bildung von Alkohol aus dem vorhandenen Zucker.
Da Schwefeldioxid kein unproblematischer, im Lebensmittelbereich aber nicht völlig ersetzbarer Stoff ist, sollte die risikolose Tagesaufnahme für den Menschen, der sogenannte *ADI-Wert (»acceptable daily intake«)* nach Angaben der Weltgesundheitsorganisation (World's Health Organisation, WHO) 0,7 mg/kg Körpergewicht nicht überschreiten.

Sulfit im Test

Die Sulfit-Teststäbchen müssen kühl und trocken gelagert werden. Sie besitzen eine Testzone auf dem Kunststoffstreifen.
Zur **Bestimmung des Gesamtsulfit-Gehaltes in einem Wein** oder einem wäßrigen Extrakt aus Lebensmitteln muß die wäßrige, möglichst farblose Probe durch Zugabe von wenig festem Natriumcarbonat (Soda, in jeder Drogerie oder Apotheke erhältlich) auf einen pH-Wert deutlich über 9 eingestellt werden.
Die Testzone des Stäbchens ist mit einem Reagenz imprägniert, das in Abhängigkeit von der Sulfitkonzentration sich rosa bis ziegelrot verfärbt (s. Farbskala, Buchvorsatz). Man kann vier Bereiche unterscheiden: 0 bis 10 mg/l, 10 bis 40 mg/l, 40 bis 125 mg/l und 125 bis 500 mg/l.
Das Teststäbchen wird ein bis zwei Sekunden in die Probelösung eingetaucht – die Testzone muß voll benetzt sein. Nach 30 Sekunden wird die Testzone mit den Farben der Farbskala verglichen.
In **Weißwein und Sekt** läßt sich dieser Test am einfachsten durchführen. Bei festen Lebensmitteln wie **Trockenfrüchten** muß man einen wässerigen Auszug herstellen. Man erwärmt eine auf der Küchenwaage eingewogene Menge Lebensmittel mit der gleichen Menge Wasser auf etwa 50 bis 60 °C

und mißt dann im wässerigen Extrakt nach Zugabe von genügend Soda die Sulfitkonzentration. Da wir nicht den pH-Wert von 12 einstellen können, der vom Hersteller der Teststäbchen für die Gesamtbestimmung des Sulfits gefordert wird, erhalten wir stets etwas zu niedrige Sulfit-Gehalte. Mit Hilfe der Teststäbchen können wir jedoch beispielsweise feststellen, wieviel Sulfit nach dem Waschen oder Kochen von Trockenobst noch vorhanden ist.

Die Teststäbchen können im allgemeinen auch auf feuchte Massen, wie z. B. **Kartoffelknödel**, die man im Wasser erwärmt hat, aufgedrückt werden. Stets muß jedoch beachtet werden, daß außer bei Weinen und Sekt ein zu niedriger Gehalt angezeigt wird. Um den genannten ADI-Wert kontrollieren zu können, sollte man die Werte zur Sicherheit mit dem Faktor 2 multiplizieren.

Auch zur Erfassung von **Schwefeldioxid in der Luft** lassen sich die Sulfit-Teststäbchen in folgender Weise einsetzen:
1. Die unter fließendem Wasser beleuchtete Testzone 5 Minuten der zu prüfenden Luft aussetzen, dann mit Sulfit-Farbskala vergleichen.
2. Testzone eines frischen Stäbchens mit dem vorher verwendeten Wasser anfeuchten und sofort der Farbskala zuordnen (Blindwert).
3. Die Differenz von 1. und 2. wird gebildet. Der gefundene Zahlenwert, dividiert durch 2, entspricht angenähert dem Schwefeldioxidgehalt der Luft (in mg SO_2/m^3 Luft).
4. Auf diese Weise lassen sich noch 5 mg SO_2/m^3 Luft nachweisen.

10 Chlor und Chloride

Vorkommen von Chloriden

Chlor wird in der Chemie als *Halogen*, d. h. als *Salzbildner* bezeichnet. Es kommt in der Natur in Salzen wie dem *Steinsalz* (Natriumchlorid), dem *Sylvin* (Kaliumchlorid) und *Karnallit* (Kalium-Magnesium-Chlorid) vor. Das Salzsäuregas kann wie auch das Chlor selbst bei Vulkanausbrüchen freigesetzt werden. In der obersten (16 km dicken) Erdrinde steht das Chlor als Chlorid mit etwa 0,03 % an 15. Stelle in der Häufigkeitsliste der chemischen Elemente. Das Wasser unserer Ozeane besitzt eine Konzentration von fast 2 % Chlorid, die Gesamtmenge in den Weltmeeren macht bereits drei

Viertel des Chlorids in der obersten Erdrinde aus. Ein Teil dieses Chlorids stammt aus der Verwitterung von Gesteinen und wurde aus den Tongesteinen ausgewaschen. Da Chlor als Gas jedoch wahrscheinlich zur Uratmosphäre unserer Erde gehörte, dürfte auch die Hauptmenge des Chlorids im Meerwasser aus Entgasungen der Erdkruste, also z. B. aus Vulkanen, stammen.

In einigen Binnenmeeren wie dem Mittelmeer oder dem Roten Meer werden bis zu 3% an Natriumchlorid gemessen, in Seen wie dem Toten Meer (im Jordangraben) und dem Salt Lake (USA) ist ein Salzgehalt von 25 bis 27% vorhanden. In diesen *Salzseen* kann die Salzkonzentration bis zu 38% ansteigen. Sie werden zum Teil durch salzhaltige Quellen gespeist, in den meisten Fällen befinden sich diese Seen jedoch ohne einen Abfluß in Trockengebieten, wo die Salzkonzentration durch die Verdunstung des Wassers ständig zunimmt.

Große Lagerstätten des *Steinsalzes* befinden sich z. B. in der Norddeutschen Tiefebene, bei Staßfurt im Raum Magdeburg, und in den USA (z. B. im Staat Utah). Die Entstehung solcher Salzlagerstätten, die eine Mächtigkeit bis zu über 1000 m erreichen können, führt man auf die Abschnürung und Eintrocknung vorzeitlicher Meeresteile zurück. Sie können in verschiedenen geologischen Epochen entstanden sein, wie z. B. in Norddeutschland in der Zechsteinzeit vor etwa 225 bis 285 Millionen Jahren, als in der Geschichte des Lebens die ersten Reptilien verzeichnet wurden. Bei diesem Eintrocknen von abgeschnürten Meeresteilen (nach der BARREN-Theorie, wobei Barre Schranke bedeutet) kristallisieren die vorher gelösten Salze in der Reihenfolge ihrer Löslichkeit aus: Zuerst schieden sich in diesen Urzeiten die schwerlöslichen Carbonate (wie Kalk) und Sulfate (Gips) und danach die leichtlöslichen Chloride aus. Auch bei den Chloriden bestehen Unterschiede in der Löslichkeit: Natriumchlorid ist schwerer löslich als Kaliumchlorid und Magnesiumchlorid, so daß sich das Steinsalz zuerst abscheidet. Aus einer Meereshöhe von 100 m entstand bei vollständiger Eindunstung des Wassers eine Salzschicht von etwa 1,5 m Mächtigkeit.

Die *Kalisalzschichten* auf den Steinsalzen wurden in den folgenden Jahrtausenden in den meisten Fällen durch eindringendes Wasser wieder aufgelöst und weggewaschen. An einigen Stellen wie z. B. im Staßfurter Raum haben sich auf den Kalisalzen wasserundurchlässige Tonschichten abgelagert, so daß die Kalisalzlagerstätten erhalten blieben. In früheren Zeiten, als man nur am Kochsalz interessiert war, wurde die Kalisalzschicht abgeräumt, die Kalisalze gelangten als Abraumsalze auf die Halde. Bei uns wurden und werden Kalisalze im Raum um Hannover und in Hessen an der Grenze zur DDR abgebaut. Die Kaliflöze reichen bis in Tiefen von 2000 bis 4000 m.

Weitere größere Lagerstätten befinden sich in Frankreich, im Elsaß, auch südlich von Freiburg.
Auch in den UdSSR und USA gibt es umfangreiche Kalisalzlagerstätten, in Kanada wurde 1962 mit dem Abbau eines der reichsten Kalisalzvorkommen im Saskatchewan begonnen. Auch das Tote Meer enthält größere Mengen an Kaliumchlorid, vor allem aber auch große Magnesiumchlorid-Vorräte.

Gewinnung von Natriumchlorid

Zur Zeit der griechischen und römischen Hochkulturen im Mittelmeerraum wurde das Kochsalz aus dem Meer gewonnen, Salz war gleichbedeutend mit Meeressalz. In der Nähe von Salzquellen entstanden Siedlungen wie 500 vor Christus Schwäbisch Hall (Hal nach dem keltischen Wort für Salz). Aus den salzhaltigen Quellen von Bad Reichenhall, die bereits den Römern und Kelten bekannt waren, gelangte das Kochsalz um 100 nach Christus in viele Länder Europas wie Ungarn, Böhmen, die Schweiz und den Westen Deutschlands. Das wahrscheinlich älteste Salzbergwerk wurde 1000 vor Christus bei Hallstatt im heutigen Salzkammergut (Österreich) betrieben. Der bergmännische Steinsalzabbau in Staßfurt begann der damals preußische Staat um 1857. Zu Beginn des 19. Jahrhunderts wurden auch Bohrungen nach konzentrierten Salzsolen, z. B. bei Jagstfeld in Württemberg und bei Wimpfen in Hessen, durchgeführt.
Aus den historischen Entwicklungen und aufgrund der verschiedenen Arten des Vorkommens lassen sich vier unterschiedliche Prinzipien der Steinsalz- bzw. Natriumchlorid-Gewinnung angeben:
- der bergmännische Abbau,
- das Eindampfen von Solen, die man durch Einpumpen von Wasser in unterirdische Lagerstätten erhalten hat,
- das Eindunsten von Salzlösungen in offenen Becken, den sogenannten Salzgärten (aus Meerwasser oder Wasser von Salzseen wie in Spanien, Südfrankreich und auf der Krim),
- und auch als Nebenprodukt der Meerwasserentsalzung nach neuartigen Technologien des Eindampfens und Kristallisierens.

Gewinnung von Chlor

Im Laboratorium kann man Chlor nach dem historischen Verfahren aus Salzsäure und *Braunstein* (Mangandioxid) oder anderen Oxidationsmitteln gewinnen. Technisch hat dieser Weg nur im 19. Jahrhundert eine Rolle gespielt.

Die heutige großtechnische Gewinnung erfolgt mit Hilfe des elektrischen Stromes auf dem Wege der sogenannten *Chloralkalielektrolyse* aus den Alkalichloriden, also z. B. aus dem Natriumchlorid.

Das eine, heute noch wichtigste Verfahren, wird als *Quecksilber-* oder *Amalgamverfahren* bezeichnet. Die Vorgänge, die zur Bildung von Chlor aus Natriumchlorid unter Einwirkung des elektrischen Stromes führen, laufen in zwei voneinander getrennten Zellen ab. In der einen (Graphit-)Zelle (an der *Anode*) wird das Chlor aus dem Chlorid abgeschieden, in der anderen Zelle, ebenfalls aus Graphit, wird an einer Quecksilberelektrode (der *Kathode*) ein Natriumamalgam gebildet. Unter Einwirkung von Wasser kann man anschließend das Metall Natrium in Natronlauge und Wasserstoff umwandeln, so daß dieses Verfahren die Gewinnung von Chlor, Natronlauge und Wasserstoff aus einem Salz, dem Natriumchlorid, ermöglicht. Moderne Verfahren dieser Art haben einen Wirkungsgrad von über 97 %. Für 1 Tonne Chlor benötigt man 1,7 Tonnen Natriumchlorid, 3400 kWh, 2,6 kg Graphit und 0,2 kg Quecksilber – eine Menge an sehr giftigem Metall, die erheblich zur Abwasserbelastung und zur Gefährdung der Umwelt in früheren Jahren beigetragen hat.

Bei dem zweiten großtechnisch genutzten Verfahren sind beide Zellen durch ein *Diaphragma*, eine halbdurchlässige Membran, getrennt. Dieses Diaphragma ermöglicht zwar den Stromtransport, die Produkte der Elektrolyse jedoch, also Chlor und Wasserstoff bzw. Natronlauge, können nach der Entstehung nicht wieder in Kontakt kommen. Eine Vereinigung der beiden Gase würde nämlich zu einer Explosion führen – das Gemisch aus Chlor und Wasserstoff, das *Chlorknallgas*, ist unter Lichteinwirkung sehr explosiv. Auch die Natronlauge und das Chlor reagieren unter Bildung eines Salzes miteinander.

Leitet man Chlorgas in eine Lösung von Kalk, also in Kalkwasser, ein, so entsteht der Chlorkalk; ein Salz, das sowohl Chlorid als auch das *Hypochlorit*, das Ion der *Unterchlorigen Säure* (HOCl) enthält. Aus diesem Chlorkalk läßt sich mit Salzsäure das Chlor wieder freisetzen:

$CaOCl_2 + 2\ HCl \rightarrow CaCl_2 + H_2O + Cl_2$

Wird Chlor in Wasser geleitet, so bilden sich demnach zwei verschiedene Säuren, die Salzsäure (ohne Sauerstoff) und die Unterchlorige Säure, die ein

Atom Sauerstoff enthält. Im Chlorkalk kann das Element (Gas) Chlor quasi in fester Form gespeichert werden.

Eigenschaften von Chlor und Chloriden

Das Element Chlor ist ein gelbgrünes, stechend riechendes giftiges Gas, das 2,5mal schwerer als die Luft ist. Bei minus 35 °C liegt Chlor als gelbe Flüssigkeit, bei minus 101 °C in Form einer festen, gelben kristallartigen Masse vor. Chlor löst sich recht gut im Wasser, es entsteht das *Chlorwasser*, eine Lösung von Salzsäure (als Chlorwasserstoff HCl) und einer sauerstoff- und chlorhaltigen Säure, der Unterchlorigen (oder *hypochlorigen*) Säure, die Wasserstoff, Chlor und Sauerstoff im gleichen Verhältnis enthält (HOCl). Die besonderen Eigenschaften des Chlorwassers sind auf diese Unterchlorige Säure zurückzuführen, die bei der Einwirkung von Licht wiederum in die Salzsäure und in Sauerstoff zerfällt:

$2 \, HOCl \rightarrow O_2 + 2 \, HCl$

Wegen dieser Bildung von Sauerstoff wirkt Chlorwasser als Oxidationsmittel. Chlorgas ist nach dem Fluorgas das reaktionsfähigste chemische Element, es reagiert mit den meisten anderen chemischen Elementen (Ausnahmen bilden u. a. Sauerstoff und Stickstoff) zum Teil sehr heftig wie bei der bereits genannten Chlorknallgas (Wasserstoff)-Explosion. Chlor kann entweder aufgrund der Bildung von Unterchloriger Säure im Wasser als Oxidationsmittel wirken oder aber auch den Wasserstoff in organischen Stoffen abspalten und diese damit zerstören.

Das *Natriumchlorid*, bzw. das Chlorid-Ion dieses im Wasser gut löslichen, weißen kristallinen Salzes, ist als Kochsalz z. B für den Menschen als Mineralstoff lebensnotwendig. Das Zerplatzen der Kristalle kann man beim Erwärmen sehr deutlich als Knistern hören. Im Wasser löst sich Natriumchlorid bei 20 °C zu 35,8 g in 100 g Wasser – es entsteht also eine fast 36%ige Lösung. Eine wichtige Eigenschaft das Natriumchlorids besteht auch darin, daß es den Gefrierpunkt des Wassers (wie auch andere Salze) sehr stark erniedrigen kann – bis auf minus 21 °C. Die Tauwirksamkeit als Streusalz wird bis unter minus 10 °C angegeben.

Reines Steinsalz, also Natriumchlorid, nimmt an der Luft kein Wasser auf, es wird nicht feucht. Das oft zu beobachtende Feuchtwerden oder sogar Zerfließen von Kochsalz ist auf Beimengungen an Magnesiumchlorid zurückzuführen. Dieses Salz wird sehr leicht durch Wasseraufnahme feucht – es ist *hygroskopisch*.

Geschichtliches

Die ersten Darstellungen von Chlor bzw. auch von Chlorwasserstoff erfolgten im Laboratorium 1774 bzw. 1772 durch den schwedischen Chemiker und Apotheker Carl Wilhelm SCHEELE (1742 bis 1786) bzw. durch den Engländer Joseph PRIESTLEY (1733 bis 1804).
PRIESTLEY, der sechs neue Gase insgesamt entdeckte, stellte als erster das reine Salzsäuregas, den Chlorwasserstoff, her. Die Salzsäure selbst, also die Lösung von Chlorwasserstoff im Wasser, war jedoch schon lange bekannt. Der deutsche »Doktor der Medizin, Dichter und Amtsarzt zu Rothenburg« Andreas LIBAVIUS hatte bereits in seinem Lehrbuch »Alchemia« 1597 die Herstellung der Salzsäure, des *spiritus salis*, aus Steinsalz und Vitriol (Eisensulfat) durch Erhitzen beschrieben. Durch Einwirkung der Schwefelsäure auf gewöhnliches Steinsalz erhielt Johann Rudolf GLAUBER (1604 bis 1668) um 1648 rauchende Salzsäure – als Rückstand bleibt das Natriumsulfat, nach ihm noch heute Glaubersalz genannt.
Chlor wurde von SCHEELE durch Erhitzen aus Salzsäure und Braunstein (Mangandioxid), also auf dem Wege der Oxidation erhalten. SCHEELE erkannte jedoch nicht, daß es sich bei dem gelbgrünen Gas um ein bisher unbekanntes chemisches Element handelte. Auch spätere, vor allem französische Chemiker glaubten, im Chlor eine oxidierte, also eine sauerstoffhaltige Salzsäure vorliegen zu haben. Vom Standpunkt der damaligen Sauerstofftheorie gaben sie damals folgende Erklärung: »Braunstein gibt Sauerstoff ab, gleichzeitig entsteht jenes Gas aus der Salzsäure, und folglich ist es *oxydierte* Salzsäure.«
Erst der englische Chemiker Humphrey DAVY (1778 bis 1825) nannte 1810 nach eingehenden Untersuchungen Chlor ein chemisches Element – fast 40 Jahre nach dessen Entdeckung. Der Name stammt vom griechischen Wort *chloros* = gelbgrün. Es löste die frühere französische Bezeichnung »*acide muriatique oxygéné*« (*muria*, lateinisch Salzlake) ab.
Über die Geschichte des wichtigsten Chlorids, des Natriumchlorids, wurden bereits ganze Bücher geschrieben. Als Steinsalz bildete unser heutiges Kochsalz eines der bedeutendsten Handelsgüter für viele Völker. Die Gründung von Städten, von Handelsmonopolen, die Entstehung von Handelsstraßen ist auf diese einfache chemische Substanz zurückzuführen. Die wirtschaftliche, politische und kulturelle Entwicklung vieler Gebiete unserer Erde ist eng mit dem Vorkommen und der Gewinnung von Natriumchlorid verbunden.
Über 2000 Jahre alte Sagen und auch das Alte Testament unserer Bibel verwenden Salze mit symbolischer Bedeutung. Vom »*Salzbund*« als Zeichen von Dauer und Bewährung, über »*Brot und Salz*« bei den Arabern zur

Besiegelung eines Freundschaftsbundes, bis zum »*Salzfaß*« der Römer als Zeichen der Reinheit, das von Generation zu Generation vererbt wird, reicht die Bedeutung dieses für viele Völker in früheren Zeiten »*weißen Goldes*«. Die Gewinnung, die Technologie des Siedesalzes bildet ebenfalls eine Geschichte für sich: Begriffe wie Sole, Gradierwerk, Saline, Siedesalz, Sieden sind mit diesem Salz verknüpft. Der Besitz von Salz in großen Mengen war gleichbedeutend mit Reichtum im Mittelalter. Seit dem 17. Jahrhundert wurden z. B. in Lüneburg aufgrund der mangelnden Nachfrage nach Salz immer mehr Produktionsstätten stillgelegt, Siedehütten wurden »*kaltgelegt*«, d. h. nicht mehr »*besotten*«. Die Salzgewinnung hat die Entstehung einer eigenen Fachsprache zur Folge gehabt, aus der uns auch heute noch zahlreiche Begriffe geläufig sind. Die Zeiten der Salzgewinnung haben uns gleichzeitig die Vernichtung ganzer Wälder beschert, die zur Energiegewinnung (wie in der Lüneburger Heide) verheizt wurden.

Verwendung

Chlor wird heute in der Größenordnung von über 30 Millionen Tonnen pro Jahr produziert. Die organische Großchemie setzt Chlor aufgrund seiner großen Reaktionsfähigkeit zur Herstellung vieler organischer Chlorverbindungen ein – vom Chloroform über chlorierte Pflanzenschutzmittel bis zu den Kunststoffen wie dem PVC (Polyvinylchlorid). Auch zahlreiche anorganische Metallchloride werden mit Hilfe des Chlors gewonnen. Chlorsauerstoffverbindungen (wie der Chlorkalk) finden als Bleich-, Oxidations- und Desinfektionsmittel Verwendung, z. B. auch in der Chlorung des Wassers in Schwimmbädern und auch von Trinkwasser. Zum Bleichen verwendet man Chlor vor allem in der Papier-, Cellulose- und Textilindustrie.
Chlorkalk wird speziell (heute z. T. durch andere, weniger aggressive Stoffe ersetzt) zum Bleichen von Zellstoff, Papier und Textilien sowie zur Desinfektion von Stallungen, Toiletten und Kadavern eingesetzt.
Von den Chloriden ist das Natriumchlorid das wichtigste. Es wird als Speisesalz, Viehsalz, Düngesalz, als Pökelsalz für Fleisch (zur Konservierung, zusammen mit Nitrit, s. dort), für Kältemischungen und als Auftaumittel für Gehwege und Straßen mit abnehmender Tendenz wegen der umweltschädigenden Wirkungen und auch als Ausgangsmaterial für zahlreiche Industriechemikalien (vor allem für andere Natriumverbindungen), wie auch zur Gewinnung des Chlors, der Salzsäure und von Soda (Natriumcarbonat) verwendet.

Chlorung des Wassers

Chlor wird vor allem Schwimmbadewasser zur Abtötung von Mikroorganismen, zur Entkeimung zugesetzt. Die Desinfektion ist auf die oxidierende Wirkung der im Wasser entstehenden Unterchlorigen Säure zurückzuführen. Man verwendet dazu entweder das Chlor selbst oder Chlorverbindungen, die oxidierend wirken – wie das Chlordioxid.
Die Nachteile des Verfahrens, bei dem auf eine genaue Dosierung geachtet werden muß (0,2 bis 0,3 mg/l) sind der unangenehme Geruch und im Trinkwasser auch Geschmack durch Reaktionsprodukte des Chlors mit organischen Stoffen wie z. B. Chlorphenole, die Schleimhautreizung und bei empfindlichen Menschen auch die Entstehung von Hautausschlägen, der *Chlorakne*. Weiterhin können sich auch giftige Chlorkohlenwasserstoffe (wie Chloroform) und geruchsaktive Chloramine (Chlor-Stickstoff-Verbindungen) aus den in Wässern vorhandenen organischen Stoffen bilden. In letzter Zeit wurden vor allem immer wieder beunruhigend hohe Mengen an chlorierten Kohlenwasserstoffen auch in Mineral- und Trinkwässern gefunden, die auch auf die Umsetzung von Chlor mit natürlich vorkommenden Stoffen wie der Citronensäure oder den sogenannten Fulvin- und Huminsäuren zurückzuführen sind.

Chlor in Pflanze, Tier und Mensch

In Pflanzenaschen kommt Chlorid stets neben den mengenmäßig überwiegenden Elementen wie Kalium, Calcium und Phosphor vor. Chlor – in Form des Chlorid-Ions – wird von den Pflanzenphysiologen sogar als mögliches Spurenelement für einige Pflanzen bezeichnet. Andererseits kann man Bohnen und Erbsen in Kulturversuchen mit Hilfe von Nährlösungen auch mit Erfolg völlig kochsalzfrei aufziehen. Die meisten Pflanzen nehmen jedoch über die Wurzeln kleine Mengen Natriumchlorid aus dem Boden auf. Auf Salzböden haben sich spezielle Pflanzen, die *Salzpflanzen* oder *Halophyten* entwickelt, die sich dem hohen Salzgehalt im Brackwasser angepaßt haben. Sie besitzen nicht nur hohe Natriumchlorid-Gehalte in den Zellsäften, sondern einige Arten scheiden über ihre Drüsen auch hochkonzentrierte Salzlösungen wieder aus. Bei diesen Salzpflanzen wirkt das Chlorid bei der Erzeugung des *osmotischen Druckes* in den Pflanzen mit, eines Überdrucks, der bis zu 30 Atmosphären betragen kann. Dieser osmotische Druck an Membranen, auf deren zwei Seiten sich Lösungen unterschiedlicher Salzkon-

zentration befinden, ist für den Stofftransport, den Wasserhaushalt und für die Erhaltung von Form und Stabilität einer Pflanze verantwortlich.
Für Menschen und Tiere ist das Chlorid (als Kochsalz) lebensnotwendig. Den hohen Salzkonzentrationen in Brackwässern haben sich einige Fischarten wie Flunder, Kaulbarsch und Stichling angepaßt, die für solche Brackwasserregionen charakteristisch sind. In unseren Wäldern wird vor allem dem Rotwild sowie den Wildschweinen das lebenswichtige Mineralsalz als *Salzlecke*, in Form von Lecksteinen, auf Wurzelstöcken oder als Lehm-Salz-Gemisch in Trögen angeboten. Der menschliche Körper besitzt zwischen 80 und 120 mg Chlorid. Chlorid gehört wie das Natrium zu den Mineralstoffen. 88 % des Chlorids befinden sich außerhalb der Zellen in den Körperflüssigkeiten. Es dient zusammen mit dem Natrium-Ion im wesentlichen zur Aufrechterhaltung des Ionengleichgewichtes, eines ähnlich wie in Pflanzen *osmotischen Gleichgewichtes* (Druckes), das über die Nierentätigkeit gesteuert wird. Bei zu hohem Blutdruck, für Herz- und Nierenkranke, wird eine kochsalzarme Diät empfohlen.
Durch die Nieren werden 98 % des durch Speisen aufgenommenen Kochsalzes im Urin wieder ausgeschieden. Hohe Konzentrationen an Chlorid enthalten der Schweiß und vor allem der Magensaft in Form der Salzsäure. Der tägliche Bedarf für einen Europäer wird auf 3 bis 5 g Chlorid geschätzt, er liegt bei unserer Nahrung mit durchschnittlich 7 g deutlich darüber.
In Form der Gase Chlor bzw. Chlorwasserstoff liegt das Element Chlor in einer für alle Lebewesen giftigen Form vor.
Chlorgas wirkt auf die Schleimhäute (Augen und Atemwege) stark reizend. Da es sich gut in Wasser löst, sind vor allem bereits die oberen Luftwege betroffen; bei hohen Konzentrationen kann das Einatmen von Chlorgas zu einer tödlichen Kehlkopfschwellung führen. Chlorgas wurde daher auch als chemischer Kampfstoff in Kriegen verwendet, erstmals im 1. Weltkrieg. Die Geruchsschwelle liegt bei 0,02 bis 0,05 ppm, ein Hustenreiz tritt bei etwa 1 ppm ein. Bei der Aufnahme in den Körper geht Chlor schnell in das physiologische Chlorid über. Daher ist auch die Trink- und Badewasserchlorung an sich physiologisch unbedenklich, Gefahren entstehen erst durch die Reaktionsprodukte organischer Wasserinhaltsstoffe, die auf dem Wege der Trinkwasseraufbereitung jedoch weitgehend (bis auf die Chlorkohlenwasserstoffe) entfernt werden können.
Salzsäure, die wässerige Lösung des Chlorwasserstoffs, befindet sich zum einen im Magensaft des Menschen und der höheren Tiere. Sie unterstützt dort die Tätigkeit von Enzymen bei der Spaltung von Eiweißstoffen in die Grundbausteine, die Aminosäuren, aus denen dann das körpereigene Eiweiß aufgebaut wird. Sie hemmt, aufgrund der Säurewirkung, auch schädliches Bakterienwachstum. In Form von Dämpfen jedoch, die eingeat-

met werden, schädigt die Salzsäure die freien Lungenbläschen und verätzt die Atemwege. Salzsäuregas kann in die Poren der Haut eindringen und führt dort zu Rötungen bis zur Blasenbildung. Wird Salzsäure versehentlich getrunken, so kann es bei höheren Konzentrationen zu Verätzungen des Rachens, der Speiseröhre und des Magens kommen. Alle diese Wirkungen sind nicht auf das Chlorid, sondern auf die Säure, also die Säure-Ionen-Konzentration der Wasserstoff-Ionen zurückzuführen. Mit Hilfe von Soda- oder Bicarbonatlösungen kann die Säure neutralisiert werden. Auch Kleinlebewesen sind gegenüber der Salzsäure und anderen starken Säuren sehr empfindlich.

Chlor im Test

Das *Chlortesmo*-Testpapier ist gelbbraun gefärbt. Zu Untersuchung von Lösungen – z. B. von **Schwimmbadewasser, Trinkwasser, Desinfektionslösungen** – bringt man einen nicht zu kleinen Tropfen auf das Testpapier. Ist in der zu untersuchenden Lösung Chlor bzw. das durch die Reaktion mit Wasser gebildete Hypochlorit vorhanden, so entsteht an der Auftropfstelle ein blauer Fleck. Sind die Chlormengen gering (etwa im Bereich um 1 mg/l), so sehen wir nur einen blauen Ring.
Ist andererseits die Chlorkonzentration zu hoch, also bereits mit der Nase deutlich wahrnehmbar gewesen, so wird die blaue Farbe vom Chlorüberschuß zerstört, die Farbe verschwindet nach wenigen Sekunden.
Mit diesem Testpapier können wir dem Chlor in den genannten Wässern und in **Haushaltsreinigungsmitteln** auf die Spuren kommen – auch dann, wenn wir mit unserer Nase das Chlor nicht sicher erkennen können.

11 Die Erdalkalien Calcium und Magnesium

Vorkommen

Calcium und Magnesium gehören zu den am meisten verbreiteten Elementen auf unserer Erde. Ihr Anteil an der Erdrinde beträgt etwa 3,6 % für Calcium (als dritthäufigstem Metall nach Eisen und Aluminium) bzw. etwa

2 % für das Magnesium. Vor allem die Salze der Kohlensäure, die Carbonate, sind am Aufbau ganzer Gebirgszüge als *Dolomit* (Dolomiten) beteiligt. Als *Kalkstein, Kreide* oder *Marmor* (Calciumcarbonat) bzw. *Magnesit* (Magnesiumcarbonat) kommen sie auch einzeln vor. Weitere bekannte Minerale sind die Sulfate *Gips* (vom Calcium – als kostbare Abart: *Alabaster*), *Kieserit* vom Magnesium als Begleiter des Steinsalzes (Natriumchlorid) und auch in Silikaten, den Salzen der Kieselsäure, wie *Olivin, Asbest* und *Talk* kommt Magnesium vor. Auch *Meerschaum* (für die gleichnamigen Pfeifen) besteht aus einem speziellen Magnesiumsilikat der komplizierten Zusammensetzung $Mg_4(Si_6O_{10})(OH)_2$.

Das *Bittersalz* ist ein Magnesiumsulfat, das außerdem noch Kristallwasser enthält (s. Schwefel als Sulfat). Die Silikate des Calciums bilden wegen ihrer geringen Löslichkeit im Wasser die überwiegende Masse unserer Gebirge. Im Meer sind dagegen beträchtliche Mengen an Magnesiumsalzen gelöst, 1 kg enthält durchschnittlich 3,8 g Magnesiumchlorid, 1,66 g Magnesiumsulfat und auch 0,076 g Magnesiumbromid.

In fast allen geologischen Zeitaltern unserer Erde haben sich immer wieder in flachen Meeren und an den Rändern von Meeren Kalkschichten bis zu Höhen von mehr als 100 m gebildet. Viele Meerestiere besitzen Kalkschalen und -gerüste, die sich nach dem Tod der Tiere ebenfalls in den Kalkschichten ablagern. Die weiße Kreide auf Rügen besteht aus solchen sehr kleinen Kalkgehäusen. Die dicken Kalkschichten im Rheinischen Schiefergebirge und im Schwäbisch-Fränkischen Jura sind in verschiedenen Erdzeitaltern entstanden.

Das Besondere im Verhalten des Kalkes besteht darin, daß Calciumcarbonat einerseits eine in Wasser schwerlösliche Verbindung des Calciums darstellt, andererseits von Wasser und Kohlensäure gelöst wird und dann erneut auskristallisieren und ausfallen kann. Bis in unsere Zeit hat sich das Calciumcarbonat in sehr verschiedenen Formen, zum Teil auch mit Beimengungen, Verunreinigungen an anderen Elementen in Form von Oxiden oder Carbonaten (Eisen, Aluminium, Silicium u. a.) abgeschieden – man unterscheidet daher auch zwischen Kalkmineralien mit ausgeprägten Kristallformen und den Kalksteinen. Kalkmineralien können sowohl nebeneinander vorkommen als auch sich ineinander umwandeln.

Ein typisches Kalkmineral ist z. B. der Kalkspat (auch *Calcit* genannt) – im allgemeinen weiß, durch Beimengungen auch grau, gelb, rot oder braun gefärbt. In unserem Land befinden sich Lagerstätten von Calcit in Nordrhein-Westfalen bei Brilon und im Hennetal. Sehr schöne Kristalle wurden z. B. in St. Andreasberg im Harz, in Freiberg in Sachsen, in Idar-Oberstein und häufig auch in alpinen Regionen in Klüften gefunden. Eine Abart des Calcits ist der völlig durchsichtige *Doppelspat*, durch den Lichtstrahlen

zweimal gebrochen werden, eine Eigenschaft, die in optischen Geräten genutzt wird.
Eine andere Kristallform des Calciumcarbonats wird *Aragonit* (nach dem Fundort Aragon in Spanien) genannt. Unter den Bedingungen an der Erdoberfläche wird Calciumcarbonat meist in dieser Form gebildet: Aragonit läßt sich bei 400 °C in den Kalkspat umwandeln. Unter hohen Drücken, wie sie auch im Erdinnern herrschen, geht der Kalkspat in Aragonit über. Perlen, Perlmutter sowie die Korallen der Südsee sind aus Aragonit gebildet. Diese Kristallform kommt auch in den Gallensteinen vor.
Kalksteine werden je nach der Art ihrer Entstehung benannt: Beispiele für Kalksteine, als nichtkristalline Formen des Calciumcarbonats, sind *Kalkschiefer, Marmor, Kreide, Tropfsteine*. *Juragesteine* bestehen aus Kalksteinen, in reiner Form im Weißen Jura. Im Braunen Jura sind Eisen(III)-oxide als Beimengungen vorhanden (z. B. in Lothringen). Grauschwarze oder bläuliche Farbschattierungen treten dann auf, wenn geringe Mengen an zersetzter organischer Substanz als Bitumen, z. B. im Schwarzen Jura oder auch im Muschelkalk, vorliegen.
Marmor ist ein schleif- und polierbarer Kalkstein. Neben dem weltberühmten Marmor aus Carrara in Oberitalien gibt es weitere gute Marmorsorten am Untersberg in Berchtesgaden, in der Steiermark, in der CSSR und in Tirol sowie auf einigen griechischen Inseln. Gute Marmorsorten erkennt man daran, daß sie nach dem Glühen mehr als 55 % an Calciumoxid enthalten.
Kalkschiefer finden wir z. B. als Solnhofer Platten, die auch wegen ihrer Versteinerungen an Pflanzen und Tieren berühmt sind.
Kreide ist aus den Kalkschalen niederer Meerestiere und anderer Kleinlebewesen entstanden, im Unterschied zu den bisher beschriebenen, dichten Kalksteinen färben sie ab und werden daher auch als Schreibkreide verwendet.
Gemenge aus Ton und Kalkstein in Form unserer Böden werden als *Mergel* bezeichnet. *Kalktuff* schließlich ist ein poröser, sehr leichter, von Löchern durchzogener Kalkstein, der durch Abscheidung von Kalk aus kohlensäurehaltigem Wasser entstanden und auch oft als *Kalksinter* bezeichnet wird. Viele römische Bauwerke wurden aus Kalktuff errichtet, z. B. aus den festen Travertinen bei Tivoli am Tiber. Auch bei uns finden wir, z. B. in Stuttgart-Bad Cannstatt, bis zu 20 m mächtige Kalktuffe.
Das Doppelcarbonat *Dolomit* aus Calcium- und Magnesiumcarbonat bildet nicht nur die Dolomiten, sondern bildet auch das häufigste Gestein in der Nähe von Aachen, von Trier, im Weserbergland, im Sauerland und auch im Bergischen Land.
Wir schließen damit den Streifzug durch die Mannigfaltigkeit des Calcium-

carbonats ab, jedoch nicht ohne auch die *Stalagmiten* und *Stalaktiten* in den Höhlen als besondere Formen dieser einen chemischen Verbindung zu erwähnen.

Gewinnung der Metalle

Da beide Metalle sehr unedel sind, lassen sie sich nur sehr schwer vom fest gebundenen Sauerstoff befreien, also von Oxiden in die reinen Elemente umwandeln. Mit Wasser reagiert vor allem das Calcium sehr heftig. Wegen dieser Eigenschaften konnte man lange Zeit die reinen Metalle auch nicht herstellen. Die Erdalkalimetalle sind von dem englischen Chemiker DAVY daher zunächst auch nur als *Amalgame*, also als Legierungen des Quecksilbers, gewonnen worden (1808). Mit Hilfe des elektrischen Stromes, auf dem Wege der Elektrolyse, gelang DAVY die Reduktion aus den Hydroxiden, unabhängig davon auch dem deutschen Chemiker Friedrich WÖHLER, dem Entdecker der Harnstoffsynthese und späteren Chemieprofessor in Göttingen. Die Reindarstellung (ohne Quecksilber im Amalgam) wurde jedoch erst einige Jahrzehnte später möglich: 1831 für Magnesium und sogar erst 1898 für Calcium, wobei man wasserfreies Calciumiodid mit metallischem Natrium, das noch unedler ist als Calcium, im Laboratorium umsetzte:

$CaI_2 + 2\ Na \rightarrow 2\ NaI + Ca$

Aus Calciumiodid und Natrium entsteht bei Ausschluß von Wasser und Luft in der Hitze (in der Schmelze) Natriumiodid und das Calciummetall.

Auch heute erfolgt die Gewinnung der Metalle auf elektrolytischem Wege, also mit Hilfe des elektrischen Stromes: Man schmilzt dazu die wasserfreien Salze der Salzsäure, die Chloride, bei höheren Temperaturen in großen Eisentiegeln und führt dann die *Elektrolyse* mit einer *Anode* (dem Pluspol) aus Kohle und einer *Kathode* (dem Minuspol) aus Stahlwendeln durch. Bei der Gewinnung des Calciums werden diese Stahlwendeln langsam aus der Schmelze gezogen, wobei das metallische Calcium an der Elektrode dann als dünner Stab erstarrt. Beim Magnesium steigt das bei der Schmelztemperatur von 700 °C flüssige Magnesium an die Oberfläche der Schmelze und kann dort abgeschöpft werden.

Ein besonders reines Calcium erhält man nach einem anderen Verfahren mit Hilfe des Aluminiums, einem *aluminothermischen* Verfahren: Calciumoxid kann bei Temperaturen von 1250 °C mit Hilfe von Aluminium reduziert werden:

$3\,CaO + 2\,Al \rightarrow Al_2O_3 + 3\,Ca$

Der Sauerstoff geht dabei vom Calcium auf das Aluminium über. Aus der *Kalkerde* (Calciumoxid) wird Calcium, aus dem metallischen Aluminium die *Tonerde* (Aluminiumoxid).
Bei den Schmelzverfahren, den elektrolytischen Techniken, muß Wasser abwesend sein, weil die entstehenden Metalle, vor allem das Calcium, sofort wieder zum Oxid bzw. zum Hydroxid mit dem Wasser reagieren würden. Das Magnesiumchlorid, welches man für diese *Schmelzflußelektrolyse* einsetzt, wird meist aus dem Meerwasser gewonnen.

Gewinnung des Kalkes

Ein wichtiges großtechnisches Produkt bildet der Kalk, der aus dem *Kalkstein* (Calciumcarbonat) durch Erhitzen auf 1000 °C erhalten wird – ein Vorgang, den man seit alters her als *Kalkbrennen* bezeichnet:

$CaCO_3 + \text{Wärmeenergie} \rightarrow CaO + CO_2$

Oft sind Verunreinigungen durch Aluminium, Eisen und Silicium (Silikate) im Kalkstein vorhanden, die den Kalk zum Teil dunkel färben und ihn auch überwiegend unlöslich machen.

Eigenschaften

Beide Elemente zählen zu den Leichtmetallen – mit silbernem Glanz, sofern sie in reiner Form vorliegen. An trockener Luft behalten sie ihren metallischen Glanz.
Magnesium entzündet sich oberhalb von 500 °C und verbrennt dann mit dem bekannten hellen Licht der Magnesiumfackel zu einem weißen Pulver, dem Magnesiumoxid.
Calcium überzieht sich an feuchter Luft mit einer grauweißen Hydroxidschicht. Beide Metalle zersetzen als unedle Elemente das Wasser – Calcium jedoch erheblich schneller als Magnesium –, und es entstehen die Hydroxide.
Das aus Calciumcarbonat gebrannte Calciumoxid reagiert mit Wasser recht heftig unter Wärmeentwicklung zum Calciumhydroxid:

$CaO + H_2O \rightarrow Ca(OH)_2 + \text{Wärme}$

Man bezeichnet diesen Vorgang als »*Löschen des Kalkes*«. Im Wasser lösen sich vom Calciumhydroxid jedoch nur 1,26 g/l bei 0 °C – die Lösung, das Kalkwasser, reagiert stark *alkalisch* (basisch). Der Kalk selbst, als weißes, staubiges Pulver, reagiert daher ebenfalls stark basisch und wirkt ätzend. Eine Aufschlämmung von Calciumhydroxid im Wasser wird als *Kalkmilch* bezeichnet und seit alters her als Anstrichfarbe zum Kalken von Wänden eingesetzt. Die Salze der Metalle sind überwiegend weiß und farblos.

Beide Metalle lösen sich leicht in Säuren, sogar bereits in Essigsäure. Die Löslichkeit des Magnesiumsulfats im Wasser ist größer als die des Calciumsulfats (des Gipses). Magnesiumcarbonat ist ebenfalls leichter löslich als das Calciumcarbonat, umgekehrt verhält es sich jedoch mit der Löslichkeit der Hydroxide. Eine besondere Eigenschaft der Carbonate besteht darin, daß sie durch überschüssiges Kohlendioxid in lösliche Hydrogencarbonate umgewandelt werden – dieser Vorgang spielt im natürlichen, geochemischen Kreislauf dieser Elemente, vor allem des Calciums, eine wichtige Rolle:

$$CaCO_3 + CO_2 + H_2O \rightarrow Ca(HCO_3)_2$$

Unlösliches Calciumcarbonat löst sich in Kohlensäure unter Bildung des Calciumhydrogencarbonats. In kohlensäurefreiem Wasser können sich nur 14 mg/l Calciumcarbonat lösen, in kohlensäurehaltigem Wasser dagegen 1086 mg/l Calciumhydrogencarbonat.

Weitere schwerlösliche Verbindungen stellen die Salze der Phosphorsäure und der Flußsäure, Phosphate und Fluoride, vor allem beim Calcium dar. Diese Eigenschaften der Verbindungen bestimmen auch das Vorkommen und den Stoffkreislauf dieser Elemente in unserer Umwelt.

Geschichtliches

Bereits im Altertum kannte man einige Verbindungen des Calciums und deren praktische Verwendbarkeit: Durch Brennen von Kalkstein erhielt man Calciumoxid, der nach dem Ablöschen mit Wasser zur Herstellung von Mörtel eingesetzt wurde. Auch Gips, das Calciumsulfat, wurde zum Bauen verwendet. Kalkbrennereien als Reste der römischen Kultur sind auch bei uns, z. B. in der Eifel, vorhanden, wo wir Rekonstruktionen besichtigen können.

Schon zu Beginn unserer Zeitrechnung findet sich in der griechischen Literatur – bei dem aus Kleinasien stammenden Schriftsteller DIOSKURIDES – die Bezeichnung »*ungelöschter Kalk*«, die bis in unsere Zeit für das Calciumoxid gebraucht wird. *Kalkerde* war später der Name für dieses Oxid, wie überhaupt alle Metalloxide als Erden bezeichnet wurden. Die Sammelbezeichnung *Erdalkalien* entstand, weil die Oxide von Calcium, Magnesium und auch der selteneren Metalle Strontium und Barium in ihrem chemischen Verhalten zwischen den Alkalien, den alkalischen Oxiden von Natrium, Kalium, Rubidium und Cäsium, welche gut lösliche Laugen wie die Natronlauge bilden, und den Erden (d. h. den Oxiden wie Aluminiumoxid, in der Natur als Tonerde) stehen.

Die Namen der Metalle selbst leiten sich von dem lateinischen *»calx«* für Kalk bzw. von einer griechischen Landschaft in Thessalien, *Magnesia*, ab, wo das Magnesiumoxid, eben Magnesia, gefunden wurde. Magnesium selbst wurde erst im 18. Jahrhundert bekannt. Das Magnesiumsulfat (*Bittersalz*) benutzte man schon seit dem Ende des 17. Jahrhunderts als Heilmittel, nämlich als Abführmittel. Es wurde zuerst in England aus Mineralquellen durch Eindampfen gewonnen. Der in Frankreich geborene Chemiker Joseph BLACK englischer Abstammung, ein Zeitgenosse des berühmten französischen Chemikers LAVOISIER, unterschied als erster die *Kalkerde* von der *Bittererde* (1755) – aufgrund der unterschiedlichen Löslichkeiten der Oxide und auch der Sulfate im Wasser. Damit war Magnesium auch als Element entdeckt.

Aber erst 1808 wurde das Metall Magnesium von dem englischen Chemiker Humphrey DAVY rein gewonnen, Calcium sogar erst 1898.

In der Literatur finden wir die Bezeichnung Kalk (althochdeutsch *»chalch«*) auch bildlich als Tünche – *»der kalk ist aber ziemlich abgefallen, ihre schönheit verblüht«* (in der konsequenten Kleinschreibung der Brüder GRIMM in ihrem »Deutschen Wörterbuch«) und auch als Gift:

> *»sint dat nicht böse stücken,*
> *dat ungelöschet kalk*
> *mankt brot dar wurt gebacken,*
> *darmit umbrocht vel volk?«*
> (UHLAND, aus dem Grimmschen Wörterbuch)

Auch Falstaff beschwert sich in »Heinrich IV.«: *»Du Schurke, in dem Glase Sekt ist auch Kalk«* (1. Teil, 2,4).

»Kalkprobleme«, die wir heute bei unseren Lebensmitteln nicht mehr haben!

Verwendung

Das Calcium spielt in der Metallproduktion kaum eine Rolle. Die Weltproduktion an Magnesium dagegen betrug 1981 fast 300 000 Tonnen. Die

Länder USA, UdSSR, Norwegen, Italien, Kanada, Frankreich und die VR China stehen an der Spitze der Metallstatistik mit über 90 % der Weltproduktion. Der wichtigste Verbraucher nach den USA und der UdSSR ist die Bundesrepublik Deutschland, gefolgt von Japan.
In der Technik werden diese Leichtmetalle für Legierungen der verschiedensten Art eingesetzt. Magnesium wird vor allem zusammen mit Aluminium, Zink und Mangan in Legierungen für die Luftfahrttechnik, den Automobilbau und auch für Werkzeuge und Haushaltsgeräte verwendet. Bekannt ist auch der Einsatz von Magnesium als Blitzlichtpulver in der Fotografie oder in Magnesiumfackeln. Legierungen mit mehr als 90 % Magnesium werden *Elektrometalle* genannt; im Unterschied zum Aluminium sind diese Legierungen gegen Alkalien, also gegen Basen, widerstandsfähiger und natürlich erheblich leichter als Eisen oder Eisenlegierungen.
Von größerer Bedeutung als die Metalle ist eine Reihe von Verbindungen dieser Erdalkalimetalle. Die Anwendungsgebiete reichen von der Bauindustrie, der Glas-, Emaille- und chemischen Industrie, der Düngemittelindustrie, der metallverarbeitenden und elektrotechnischen Industrie bis zur pharmazeutischen Industrie. Calcium ist der Hauptbestandteil anorganischer Bindemittel wie Mörtel, Zement und Gips. Das Calciumoxid wird als Mauerkalk – in gelöschter Form –, als Düngemittel und als Bestandteil von Gläsern in größeren Mengen benötigt. Calciumchlorid findet als Trockenmittel für Gase und für Flüssigkeiten Anwendung, da es in wasserfreier Form Wasser rasch binden kann, wobei Calciumhydroxid (*Ätzkalk*) entsteht. In Calciumpräparaten zur Regulierung des Blutcalciumspiegels ist das Element an organische Säurereste gebunden.
Verschiedene Magnesiumsalze wie Magnesiumcarbonat und Magnesium-Aluminium-Silicat werden gegen Magenübersäuerung eingesetzt, sie vermögen als basische Salze die überschüssige Magensäure (Salzsäure) zu neutralisieren. In Pudern, Putzmitteln, Farben und Düngemitteln finden wir weiterhin die weißen Salze Magnesiumcarbonat oder Magnesiumammoniumphosphat – Magnesiumoxid auch in Zahnpulvern. Außerdem wird Magnesiumoxid in größeren Mengen zur Herstellung von feuerfesten Materialien (Steinen, Behältern usw.) gebraucht. Keramische, Glas- und Emaille-Industrie sowie die chemische Industrie benötigen ebenfalls verschiedene Magnesiumsalze.

Calcium und Magnesium im Boden

Bei der Verwitterung von Gestein entsteht aus Calciumoxid unter der Einwirkung von Kohlensäure (genauer: Kohlendioxid) aus der Luft und Feuchtigkeit (Wasser) das lösliche Hydrogencarbonat, wodurch Calcium in den Wasserkreislauf gelangt. In Höhlen bilden sich aufgrund des umgekehrten Vorganges Kalksinter-Tropfsteine durch die Ausscheidung von wasserunlöslichem Calciumcarbonat aus hydrogencarbonathaltigem Sickerwasser infolge der Abgabe von Kohlendioxid aus dem Wasser an die Luft und infolge der Verdunstung von Wasser:

$$Ca(HCO_3)_2 \rightarrow CaCO_3 + CO_2 + H_2O$$

Stalagmiten wachsen vom Höhlenboden säulen- bis zapfenförmig von der Aufschlagstelle des Tropfwassers nach oben, *Stalaktiten* dagegen eiszapfenförmig von der Säulendecke nach unten.

Die Ionen dieser beiden Erdalkalimetalle, die zunächst durch Verwitterung aus Gesteinen freigesetzt wurden, können z. B. von Tonmineralen, von Silicaten im Boden wieder festgehalten werden. Außerdem liegt im Boden häufig auch Calciumcarbonat selbst vor. Aus dem Abbau, also aus der Zersetzung organischer Stoffe entsteht Kohlendioxid, wodurch nun aus Calciumcarbonat lösliches Hydrogencarbonat – in Umkehrung der obigen Gleichung – entstehen kann. Voraussetzung für die Auflösung des Calciumcarbonats ist aber immer ein genügend großer Überschuß an Kohlendioxid, sonst bleibt Kalk ungelöst zurück. Im Boden spielen sich zahlreiche solcher meist komplizierter Vorgänge zwischen anorganischen und organischen Stoffen ab, die drei wesentliche Ergebnisse für Pflanzen und Boden zur Folge haben:

Kalkhaltige Böden besitzen Säuregrade (s. Wasserstoff), also pH-Werte, zwischen 6,8 und 8,0, d. h. sie weisen neutrale bis schwach basische Eigenschaften auf. Im Gegensatz zum neutralen, reinen Wasser können Böden jedoch Säuren und Basen wie Schwefelsäure bzw. Ammoniak abfangen – man spricht von *Abpufferung* oder auch *Neutralisation* –, ohne daß sich dieser pH-Bereich wesentlich ändert. Calciumcarbonat bildet daher zusammen mit Kohlendioxid und Wasser ein *Säure-Puffersystem:*

$$CaCO_3 + H_2SO_4 \rightarrow CaSO_4 + CO_2 + H_2O$$

Calciumcarbonat wird durch die eindringende Schwefelsäure (z. B. aus dem »Sauren Regen«) in Calciumsulfat umgewandelt, das gebildete Kohlendioxid (CO_2) vermag weiteres Calciumcarbonat zu lösen. Der pH-Wert der Lösung ist nach diesen Umsetzungen nahezu unverändert geblieben, die Säure-Ionen sind im Wasser gebunden, neutralisiert worden.

Weiterhin wird die Bodenstruktur, vor allem die *Krümelstruktur* (s. a. unter Wasserstoff), d. h. die Zusammenlagerung von festen Bestandteilen einerseits und die Bildung von Hohlräumen (Poren) andererseits, entscheidend durch die Bindung der Calcium-Ionen an andere Bodeninhaltsstoffe bestimmt. Aufgrund dieser Krümelstruktur wird eine günstige Luft- und Wasserversorgung der Pflanzenwurzeln gewährleistet.

Der dritte wichtige Faktor besteht darin, daß Calcium- und auch Magnesium-Ionen den Pflanzen als wichtige *Nährstoffe* zur Verfügung stehen müssen. Sind keine ausreichenden Mengen an Calcium und Magnesium »pflanzenverfügbar« – d. h. die Elemente dürfen nur locker an andere Stoffe gebunden sein –, so müssen sie durch Düngung zugeführt werden.

Je niedriger der pH-Wert im Boden liegt, um so leichter können Calcium-Ionen durch Regen- und Sickerwasser ausgewaschen werden und stehen dann nicht mehr den Pflanzen zur Verfügung. Solche Vorgänge werden z. B. durch den »*Sauren Regen*« (s. Wasserstoff) beschleunigt, aber auch natürliche Vorgänge der Bodenversauerung wie die Humus- und Torfbildung ergeben diesen Effekt.

Ein Vergleich von Boden-pH-Wert und Calciumgehalt in einer Bodenlösung zeigt daher, wieweit dieser Nährstoff noch vorhanden ist. Im Neutralbereich (pH 6,5 bis 8,5) liegt Calcium im Boden überwiegend als Calciumcarbonat vor und kann durch Kohlendioxid als Hydrogencarbonat in Lösung gebracht werden. Kohlendioxid wird von allen Organismen bei der Atmung gebildet. Eine Entkalkung setzt im Bereich von pH 5,5 bis 6,5 ein – hier ist gleichzeitig der ökologisch günstigste Bereich, die Nährstoffe Calcium und Magnesium sind gut für Pflanzen verfügbar (das gilt vor allem für den Wald). Bei niedrigeren pH-Werten werden beide Erdalkalimetalle nach und nach vollständig ausgewaschen, bei pH 4 ist dann kaum noch Calcium im Boden vorhanden.

Die Härte des Wassers

Die Bezeichnung Härte ist auf die Eigenschaft von Calcium-Ionen zurückzuführen, die Waschwirkung von Seifen durch die Bildung unlöslicher Kalkseifen (= Calciumsalze höherer Fettsäuren, z. B. der Palmitinsäure) zu verringern. Als solche *Härtebildner* werden Calcium und Magnesium gemeinsam erfaßt, Strontium- und Bariumsalze (auch sie gehören zur Gruppe der Erdalkalimetalle) können in natürlichen Wässern wegen der sehr geringen Konzentration vernachlässigt werden.

Die Summe der Calcium- und Magnesiumsalze wird als *Gesamthärte* bezeichnet. Liegen diese Erdalkali-Ionen als Hydrogencarbonate vor, so fallen die Carbonate beim Erhitzen des Wassers aus (als Kesselstein) – daher wird eine Wasserhärte durch Hydrogencarbonate als *temporäre* (zeitweilige, vorübergehende) Härte bezeichnet. Die Salze anderer Säuren (wie der Salz- oder der Schwefelsäure) bleiben dagegen auch beim Erhitzen des Wassers gelöst, sie stellen die *permanente* Härte oder die *Sulfathärte* dar.

Für die Angaben zur Härte gelten folgende Größen:
10 mg/l Calciumoxid (CaO) = 1 °d (oder früher dH: deutscher Härte) = 7,24 mg/l Magnesiumoxid
Heute erfolgen die Angaben nach internationalen Vereinbarungen über *molare Konzentrationen*:
1 mmol (Millimol)/l = 56 mg/l Calciumoxid = 5,6 °d
Je nach dem Gehalt an Calcium- und Magnesiumsalzen werden die Wässer als hart oder weich, mit Abstufungen, bezeichnet:

sehr weich:	0 bis 3 °d
weich:	4 bis 7 °d
mittel hart:	8 bis 14 °d
ziemlich hart:	12 bis 18 °d
hart:	18 bis 30 °d
sehr hart:	mehr als 30 °d

Wir finden in fast allen natürlichen und unbelasteten Gewässern Calcium- und Magnesium-Ionen, die aus Gesteinen wie Dolomit, Marmor, Kalkstein oder Gips durch Kohlensäure als Hydrogencarbonat (bzw. als Sulfat aus Gips) in Lösung gebracht werden. Im Einzugsgebiet solcher Gesteine (z. B. der Schwäbischen Alb) weisen die Wässer daher hohe Härtegrade bis mehr als 30 °d auf, Wässer aus Buntsandsteingebieten enthalten dagegen nur geringe Mengen an Härtebildnern. Infolge der *Kohlensäureassimilation*, (aufgrund der Photosynthese) können in planktonreichen Gewässern sogenannte *biogene Entkalkungen* und damit hohe Härtegrade auftreten.
Berücksichtigt man extreme geologische Verhältnisse, so gelten Wässer im allgemeinen mit mehr als 25 °d als verunreinigt. Diese Verunreinigung (Verschmutzung) kann z. B. über Sickerwässer aus Mülldeponien zustande kommen: Das durch Fäulnis von Pflanzenbestandteilen gebildete Kohlendioxid wird mit versickerndem Regenwasser an das Grundwasser abgegeben. Aus kalkhaltigen Böden kann so Calciumcarbonat herausgelöst werden. Auch durch Düngemittel gelangen Calciumsalze in unser Grundwasser.
Eine gewisse Härte ist im Trinkwasser aus zwei Gründen erwünscht: Zum einen bildet sich eine Schutzschicht von Calciumcarbonat in den Rohrleitungen, so daß das Metall der Rohre nicht mehr direkt von freier *(aggressiver)*

Kohlensäure angegriffen werden kann. Zum anderen ist auch im Hinblick auf den Mineralstoffbedarf des Menschen eine Konzentration von 20 bis 60 mg/l an Calcium günstig. Jedoch sollen Werte von 280 mg/l an Calcium bzw. 125 mg/l an Magnesium nicht überschritten werden. Hartes Wasser schmeckt frischer als weiches oder reines, destilliertes Wasser. Mit Trinkwasser, das mittlere Härtegrade aufweist, kann man etwa 10 % des täglichen Calciumbedarfs decken. Hohe Härtegehalte führen andererseits zu erheblichen geschmacklichen Veränderungen im Kaffee und Tee.

Vorkommen und Funktion in Pflanze, Tier und Mensch

Magnesium ist das zentrale Atom im Blattgrün, dem *Chlorophyll*, Calciumverbindungen bauen Knochen, Zähne, Gehäuse und Schalen von Mensch und Tier auf. Etwa 2 % des erwachsenen Menschen bestehen aus Calcium, das sind etwa 1 bis 1,5 kg, davon 1 kg im Skelett als komplexiert zusammengesetztes Phosphat (*Hydroxyapatit*). Calcium-Ionen sind außerdem an der Bildung der Zellwände, an der Zellteilung, an den Vorgängen der Muskelkontraktion und auch an der Blutgerinnung beteiligt – sie nehmen damit einen wichtigen Platz in der Kreislaufregulierung ein. Ein Mangel an Calcium führt daher zu zahlreichen Erkrankungen der Knochen und des Stoffwechsels. In der Therapie werden entzündungshemmende und antiallergische Wirkungen durch Calciumsalze beobachtet. Der Transport des Calciums im Organismus erfolgt in Bindung an hochmolekulare Eiweißstoffe. Zwei Schilddrüsen-Hormone steuern den Calcium-Haushalt im Körper: Das eine Hormon (das *Parathormon*) bewirkt den Übergang von Calcium aus Knochensubstanz in den Blutkreislauf, das andere (das *Calcitonin*) veranlaßt eine Ablagerung aus dem Blut, steuert also den umgekehrten Vorgang. Durch das Parathormon der Nebenschilddrüse wird auch eine verstärkte Resorption aus dem Darm bewirkt; die Anwesenheit von Vitamin D unterstützt diese Wirkung.
In der Nervenleitung, besonders in der Erregungsleitung beim Sehprozeß, sind weitere wichtige Funktionen des Calciums zu finden.
Magnesium bildet zu diesen Funktionen des Calciums den Gegenspieler (*Antagonisten*). Die Erregbarkeit der Nerven und Muskeln wird durch einen erhöhten Magnesiumspiegel im Blut deutlich verringert. Zu hohe Magnesiumwerte im Blut können im Extremfall zu einem völligen Zusammenbruch, zu einer Lähmung des Zentralnervensystems führen, die dann aber durch Calciumsalze schnell wieder aufgehoben werden kann. Magnesium hat auch

die Funktion eines Beschleunigers (*Aktivators*) biochemischer Vorgänge, wie des Abbaus von Zuckern im Körper. In den Pflanzen kommen weitere Aufgaben in der Photosynthese, in der Atmungskette und bei ähnlichen Stoffwechselvorgängen hinzu. Auch in der Biosynthese von Fettsäuren spielen Magnesium-Ionen eine Rolle. Können Pflanzen nicht genügend Magnesium aus dem Boden aufnehmen, so welken sie rasch, das Blatt wird hell (gelb), da nicht mehr genügend Chlorophyll (grün) vorhanden ist.

Störungen des Calcium-Haushaltes beim Menschen führen bei einem zu niedrigen Blut-Calcium-Spiegel (in Verbindung mit Vitamin D-Mangel) bei Kindern zu Rachitis; eine ungenügende Verkalkung der Knochen kann aber auch bei Erwachsenen auftreten. Bei zu hohem Calcium-Spiegel kann eine krankhafte Kalkablagerung, z. B. in den Nieren als Nierensteine, stattfinden. Der Bedarf an Calcium beträgt etwa 800 mg pro Tag, davon werden bis zu 300 mg mit dem Harn wieder ausgeschieden. Die Aufnahme des Calciums aus der Nahrung im Darm in die Blutbahn (*Resorption*) wird vor allem durch Vitamin D, Eiweißstoffe, Citronensäure und Milchzucker gefördert. Aminosäuren (der Eiweißstoffe) und Citronensäure bilden mit Calcium lösliche Komplexsalze, in welcher Form Calcium leicht resorbiert wird –; dagegen bilden Oxalsäure und Phosphorsäure schwerlösliche und damit schlecht resorbierbare Verbindungen. Der Calciumbedarf wird am besten durch Milch und Milchprodukte gedeckt. Der Bedarf an Magnesium liegt bei 220 bis 260 mg pro Tag; vor allem pflanzliche Lebensmittel (Gemüse) enthalten Magnesium (s. Chlorophyll).

Die Magnesiumresorption kann besonders durch fett- und calciumreiche Nahrung, aber auch infolge eines reichlichen Alkoholkonsums beeinträchtigt werden.

Calcium und Magnesium im Test

Die Teststäbchen reagieren auf die Summe der Erdalkali-Ionen, wobei in unserer Umwelt von den zu erwartenden Konzentrationen nur Calcium und Magnesium von Bedeutung sind.

Auf dem Teststäbchen sind vier Testzonen enthalten, die je nach der Gesamthärte in der Probe nach und nach von Grün nach Rotviolett umschlagen (s. a. Farbskala im Buchvorsatz):

Bei vier grünen Zonen (Teststäbchen unverändert) liegt die Härte unter 3 °d.
Bei einer rotvioletten Zone: zwischen 4 und 7 °d
Bei zwei rotvioletten Zonen: zwischen 8 und 14 °d

Bei drei rotvioletten Zonen: zwischen 16 und 21 °d
Bei vier rotvioletten Zonen: über 23 °d

Zur Durchführung der **Gesamthärte-Bestimmung** wird ein Teststäbchen kurz in die Probelösung eingetaucht (auch hier vollständige Benetzung aller Zonen wichtig), die überschüssige Feuchtigkeit anschließend abgeschüttelt und die Verfärbung des noch feuchten Teststäbchens nach ein bis zwei Minuten nach den obigen Angaben ausgewertet. Liegt die Konzentration gerade an der oberen Grenze eines Farbumschlagsbereiches, so zeigt die jeweilige Testzone einen etwa 4 mm breiten rotvioletten Streifen, der an beiden Seiten noch grüne Ränder hat. Bei höheren Konzentrationen, über dem oberen Wert des Bereichs hinaus, ändern dann auch die Ränder ihre Farbe nach Rotviolett.

Um Anhaltspunkte für eigene Entdeckungen von Calcium- und Magnesiumgehalten in verschiedenen Materialien zu erhalten, sind im folgenden Konzentrationen für einige Flüssigkeiten aufgeführt:
Speichel: 50 bis 60 mg/l Calcium und etwa 7 mg/l Magnesium –
Harn: 50 bis 160 mg/l Calcium und 48 bis 200 mg/l Magnesium –
Apfelsaft: 30 bis 54 mg/l Magnesium und 40 bis 88 mg/l Calcium –
Weißwein: 60 bis 150 mg/l Magnesium und 80 bis 110 mg/l Calcium.

Die Umrechnung von mg/l auf °d ist auf folgende Weise möglich:
1 mmol/l = 5,6 °d = 24 mg/l Magnesium bzw.
1 °d = 7,1 mg/l Calcium = 4,3 mg/l Magnesium bzw.
1 mg/l Calcium = 0,14 °d und 1 mg/l Magnesium = 0,23 °d.

Der **Speicheltest** gibt Hinweise, ob eventuell aufgrund zu hoher Calciumgehalte eine besondere Veranlagung zur Zahnsteinbildung vorliegt.
Bodenuntersuchungen werden mit wässerigen Extrakten durchgeführt»Dazu werden gleiche Mengen an Bodenprobe und destilliertem Wasser (aus der Apotheke oder Drogerie) kräftig einige Minuten geschüttelt (in einer verschließbaren Plastikflasche) und in der filtrierten Probe – durch ein Kaffeefilter gießen – dann die Härte bestimmt. Zu dem Rückstand im Kaffeefilter kann man noch Essigsäure geben, um festzustellen, ob noch weiteres Calcium verfügbar ist.

Der **Gesamthärte-Test** ist vor allem zur Untersuchung von Wässern geeignet – vom **Mineralwasser, Trinkwasser** über **Fischwasser, Aquarienwasser, Fluß-** und **Seenwasser** bis zum **Abwasser**. Es lassen sich mit diesem Test **Enthärtungsanlagen** (Entkalkungsanlagen), z. B. auch für das **Waschmaschinenwasser**, überprüfen. Die Dosierung von Waschmitteln kann nach der Ermittlung der Gesamthärte angepaßt und vor allem sparsamer erfolgen.

Bei geringen Härtegraden des Trinkwassers lassen sich Bestimmungen auch im **Wasch-** und **Kochwasser von Lebensmitteln** durchführen, sie zeigen, wie weit durch die Lebensmittelzubereitung Mineralstoffe verlorengehen. Auch die **Carbonathärte** eines Wassers läßt sich näherungsweise bestimmen, indem man die Härte des Wassers vor und nach dem Kochen (und Filtrieren) ermittelt. Das verkochte Wasser muß mit destilliertem Wasser wieder aufgefüllt werden (100 ml Leitungswasser abmessen – mit Haushaltsmeßbecher –, kochen, filtrieren, wieder auf 100 ml auffüllen). In beiden Fällen werden die Analysenergebnisse aus den Differenzen zwischen der ersten und zweiten Härtebestimmung berechnet.

12 Eisen

Vorkommen

Auf unserer Erde ist Eisen das am meisten verbreitete Schwermetall, in der Erdkruste kommt es jedoch fast nur in Form von Verbindungen, vor allem mit Sauerstoff, vor. Die obersten 16 km der festen Erdrinde (Erdmantel) bestehen zu etwa 5 % aus Eisen, der Erdkern enthält jedoch soviel an (auch flüssigem) Eisen, daß der Gesamtanteil an der Erde auf ein Drittel geschätzt wird. Ganz sicher sind sich die Geologen dieser Schätzungen in neuester Zeit jedoch nicht mehr.

Meteorite, kosmische Kleinkörper, die in die Erdatmosphäre eingedrungen sind, bestehen zu fast 90 % aus Eisen. Sie enthalten außerdem vor allem Nickel. Daraus ergibt sich, daß auch andere Himmelskörper überwiegend aus Eisen aufgebaut sind. Eisendämpfe lassen sich mit den heutigen Methoden der Spektralanalyse auch auf der Sonne und auf vielen Fixsternen erkennen. Wegen des Gehaltes an Nickel (8 bis 9 % – und auch an Kobalt mit 0,5 %) konnten die Archäologen feststellen, daß frühe Gegenstände aus Eisen von Meteoriten stammen, die als Feuerbälle auf die Erde niedergestürzt sind.

Eisen ist ein unedles Metall. Es reagiert leicht mit dem Luftsauerstoff (und mit Wasser), was wir am Vorgang des Rostens erkennen können. Daher kommt Eisen auch vorwiegend in chemischer Verbindung mit Sauerstoff vor. Von den Geologen werden alle Gesteine, die 20 % und mehr Eisen enthalten, als *Eisenerze* bezeichnet – mit diesen Gehalten lohnt sich dann auch eine Verarbeitung zu Roheisen in den Hochöfen.

Die wichtigsten Eisenerze sind:
Roteisenstein Fe_2O_3
Magneteisenstein Fe_3O_4 oder $Fe_2O_3 \times FeO$
Brauneisenstein $FeO(OH)$ oder $Fe_2O_3 \times n\,H_2O$
Spateisenstein $FeCO_3$ (als Salz der Kohlensäure, als Carbonat)
Eisenkies (Pyrit) FeS (in chemischer Verbindung mit Schwefelwasserstoff als Sulfid)

Über die Eisenerz-Förderung 1980 und 1981 nach UNO-Angaben informiert *Tab. 4*. Die Zahlen zeigen einen Rückgang in der Förderung, der auf die Verringerung des Stahlbedarfs zurückzuführen ist. Der Eisenverbrauch verringerte sich noch wesentlich stärker, so daß auf dem Weltmarkt ein hohes Überangebot besteht. Absinkende Zahlen sind aber fast ausschließlich für Nordamerika und Westeuropa festzustellen.

In der Bundesrepublik Deutschland fördern nur noch drei Eisengruben (1960 waren es noch 60). Trotz der großen (geschätzten) Gesamtvorräte von 2,25 Milliarden Tonnen lohnt der Abbau der überwiegend eisenarmen Erze (mit 10 bis maximal 45 % Eisen) aufgrund der Weltmarktlage zur Zeit nicht. Die Hauptvorkommen mit den besten Erzen (bis zu durchschnittlich 31 bis

Tab. 4: Eisenerz-Förderung 1980 und 1981 nach UNO-Angaben

Land (Fe-Gehalt der Erze)	Eisenerz-Förderung in Millionen Tonnen (in Klammern in % der Weltförderung)	
	1981	1980
1. Sowjetunion (60 %)	242,00 (30)	246,00
2. Australien (64 %)	94,50 (11,7)	96,98
3. USA (62 %)	75,46 (9,4)	70,73
4. Brasilien (68 %) – (1981 nur Exporte)	64,91 (8,1)	139,69
5. Kanada (nur Abtransport von Bergwerken)	49,55 (6,2)	50,22
6. Indien (63 %)	41,20 (5,1)	40,36
7. VR China (Schätzung)	40 bis 42	
8. Südafrika (60–65 %)	28,32 (3,5)	26,32
26. BR Deutschland (32 %)	1,31 (0,16)	1,61
Weltförderung (ohne China) 1982 (1981) 804,5 (875,5) Millionen Tonnen		

35% Eisen) befinden sich bei uns im Gebiet von Salzgitter-Braunschweig. Die Weltreserven betragen nach Schätzungen etwa 1000 Milliarden Tonnen, und immer noch werden neue, wenn auch oft schwer abbaubare Lagerstätten wie in der Antarktis entdeckt.

Gewinnung

Die Verhüttung von Eisenerzen auf dem Wege über den *Hochofenprozeß* führt zu technischem Eisen. Beim Hochofenprozeß finden einige elementare chemische Reaktionen statt, die sich vereinfacht wie folgt beschreiben lassen:
In dem etwa 25 bis 30 m hohen Ofen (*Abb. 9*) – in Form eines Schachtofens mit 300 bis 1000 m^3 Fassungsvermögen – wird von oben abwechselnd oxidisches Eisenerz und Koks eingebracht. Durch sogenannte *Windformen* wird in den Hochofen vorgewärmte Luft unter Druck eingeblasen. Die unterste Schicht an Koks verbrennt, wobei sich zunächst einmal Kohlenmonoxid bildet:

$$2\,C \quad + \quad O_2 \quad \rightarrow \quad 2\,CO$$
Kohlenstoff + Sauerstoff → Kohlenmonoxid

In diesem untersten Teil des Hochofens herrschen Temperaturen bis zu 1900 °C. Zusammen mit dem Stickstoff aus der Luft bildet das Kohlenmonoxid das *Formengas*. Dieses kommt nun mit dem darüber liegenden Eisenoxid in Kontakt und reduziert es zum elementaren Eisen:

$$Fe_2O_3 \quad + \quad 3\,CO \quad \rightarrow \quad 2\,Fe \quad + \quad 3\,CO_2$$
Eisen(III)oxid + Kohlenmonoxid → elementares Eisen + Kohlendioxid

Das auf diese Weise gebildete Kohlendioxid gelangt dann in die nächsthöhere Koksschicht und wird dort wieder zu Kohlenmonoxid reduziert:

$$CO_2 \quad + \quad C \quad \rightarrow \quad 2\,CO$$
Kohlendioxid + Kohlenstoff → Kohlenmonoxid

Mit dem so wieder entstandenen Kohlenmonoxid kann dann die nächste Schicht Eisenoxid reduziert werden, die beschriebenen Reaktionen laufen erneut ab. Der unterste Bereich eines Hochofens wird auch als *Formebene* bezeichnet, hier herrschen die höchsten Temperaturen. Im *Kohlesack*, der Grenze zwischen *Rast* (der Erweiterung des Hochofens nach oben) und dem *Schacht* (der allmählichen Verengung des Ofens) sinkt die Temperatur auf

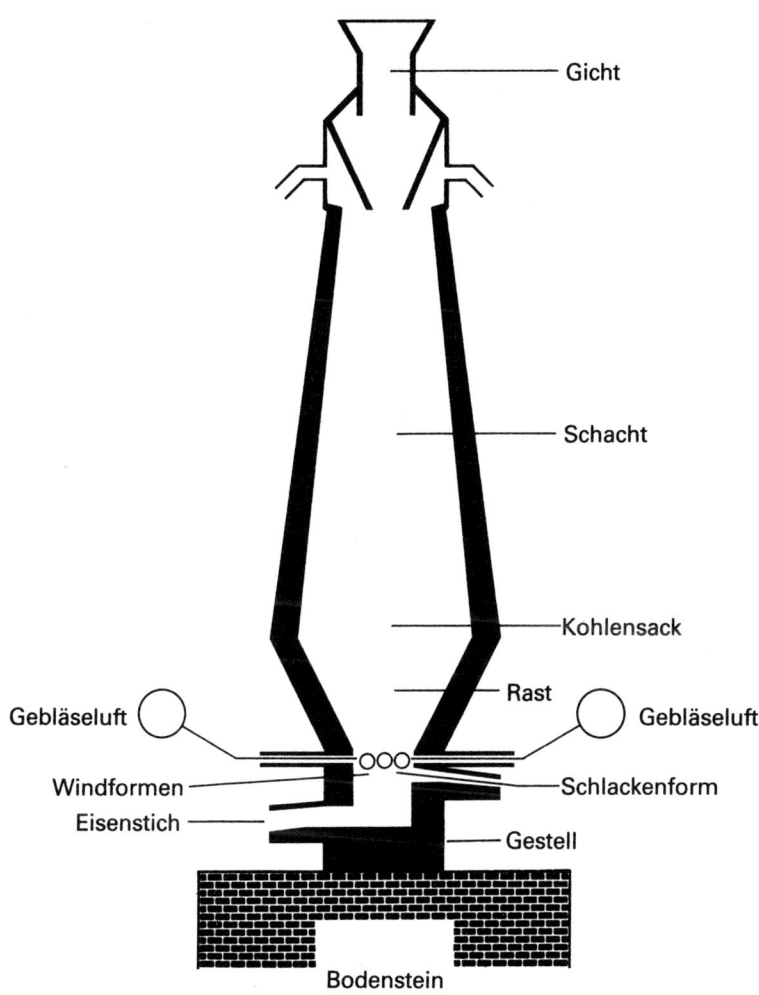

Abb. 9: Schematische Darstellung des Hochofens.

etwa 800 °C. Im Schacht selbst tritt dann nur noch eine allmähliche Abkühlung auf 600 °C ein, dann sinkt die Temperatur wieder schneller (etwa im oberen Drittel des Schachtes) und beträgt am Ausgang des Ofens, der *Gicht*, wo die Gichtgase austreten, nur noch 200 °C. Im untersten Teil des Ofens, dem *Gestelle*, sammelt sich das flüssige Eisen. Die früher mit der Eisenerzeugung verbundenen rauchenden Schlote (mit braunroten Staubfahnen) sind heute nicht mehr zu sehen. Die Entstaubung der Hochofengase (aus Kohlenmonoxid, Kohlendioxid und Stickstoff aus der zugeführten Luft), die *Gichtgasentstaubung*, wird heute technisch beherrscht und auch durchgeführt. Auch die Klärung der Abwässer ist technisch möglich, wenn auch mit einigen Kosten verbunden – pro Tonne Rohstahl werden bis zu 10 und mehr m^3 Wasser benötigt. Die Kohle (Koks) dient nicht nur zur Reduktion des Eisenoxids – Kohlenstoff in fein verteilter Form löst sich auch im flüssigen Eisen (zu 2,5 bis 4 %) und führt außerdem zur Bildung von Eisencarbid:

3 Fe + C → Fe_3C
Eisen + Kohlenstoff → Eisencarbid, oder

3 Fe + 2 CO → Fe_3C + CO_2
Eisen + Kohlenmonoxid → Eisencarbid + Kohlendioxid

Der Kohlenstoffgehalt im Eisen verursacht nun eine erwünschte Erniedrigung des Schmelzpunktes um mehrere 100° auf etwa 1100 bis 1200 °C.
Solange ein Hochofen in Betrieb ist, tropft das Roheisen aus der Schmelzzone durch glühenden Koks nach unten und sammelt sich schließlich im *Gestelle*, von wo aus die Schmelze dann alle zwei bis drei Stunden abgestochen werden kann. Elementares Eisen kann in ähnlicher Weise auch auf unserer Erde entstanden sein, wenn flüssige Lavamassen mit Eisenoxiden durch Kohleschichten hindurchgetreten sind. Solche Vorkommen von gediegenem Eisen sind aber äußerst selten.
Zur Eisengewinnung ließen sich noch viele Einzelheiten der Technik und auch der chemischen Vorgänge beschreiben. Die Darstellungen an dieser Stelle sollen jedoch nur die Prinzipien der Eisengewinnung im Stoffkreislauf des Metalls verdeutlichen.

Eigenschaften

Reines Eisen ist ein silberweißes, glänzendes Metall mit nur geringer Härte, das bei 1535 °C schmilzt. *Technisches Eisen* enthält stets Kohlenstoff bzw. Eisencarbid und ist daher grau bis grauschwarz gefärbt. In dieser Form reagiert Eisen sehr leicht mit dem Sauerstoff der Luft, vor allem in Anwesenheit von Wasser – das Eisen *rostet*: Bereits bei Zimmertemperatur wird die Oberfläche langsam in eine Eisenoxid-Wasser-Verbindung, ein Eisenoxidhydrat, umgewandelt. Ist die Luft dagegen frei von Wasserspuren, so reagiert Eisen erst bei etwa 150 °C mit dem Sauerstoff. Weil Eisen ein relativ unedles Metall darstellt, löst es sich auch leicht in verdünnten Salzen. Eisen hat die Eigenschaft, in Wasser zwei unterschiedlich geladene Teilchen, also zwei verschiedene Ionen bilden zu können: das Eisen(II)- und das Eisen(III)-Ion, wobei Eisen(II)-Ionen durch den Sauerstoff, also durch einen Oxidationsvorgang, in Eisen(III)-Ionen umgewandelt (*aufoxidiert*) werden. Diese Eigenschaft spielt, wie wir noch sehen werden, eine wichtige Rolle in biologischen Systemen. Der umgekehrte Vorgang, die Umwandlung von Eisen(III)- in Eisen(II)-Ionen wird dann im Gegensatz zur *Oxidation* als *Reduktion* bezeichnet. Beide Ionenarten können z. B. in biologischen Systemen nebeneinander vorliegen und sind auch ineinander überführbar – man bezeichnet sie als *Redox-Paar* oder *Redox-System*.

Was wir als Eisen in die Hand bekommen, ist in der Regel nicht das reine Element, sondern technisches Eisen. Dieses gewöhnliche technische Eisen enthält vor allem neben dem Kohlenstoff noch die Elemente Silicium und Mangan – Silicium ist das zentrale Atom in Sand und in Silikaten, Mangan auch als Begleiter von Eisen und in besonders konzentrierter Form in den vom Meeresboden geförderten Manganknollen. Roh- und Gußeisen enthalten 5 bis 10 % fremde Beimengen, davon 2 bis 5 % Kohlenstoff. Das Gußeisen schmilzt daher auch bereits bei 1100 bis 1200 °C, ohne vorher weich, d. h. schmiedbar zu werden. Schmiedbares Eisen dagegen enthält nur 0,04 bis höchstens 1,5 % an Kohlenstoff. Wegen des gegenüber Gußeisen geringeren Kohlenstoffgehaltes hat es aber wieder einen höheren Schmelzpunkt, es erweicht in der Hitze langsam und kann daher geschmiedet und auch geschweißt werden. Stahl unterscheidet sich schließlich vom schmiedbaren Eisen in der Härte, er enthält etwa 0,5 bis 1,0 % an Kohlenstoff. Erhitzt man ihn bis zur hellen Glut und kühlt ihn dann sehr rasch, z. B. durch Eintauchen in Wasser, wieder ab, so wird er sehr hart und spröde. Erhitzt man nun diesen *gehärteten Stahl* wieder auf etwa 260 bis 300 °C, so kann man die Sprödigkeit beseitigen, ohne daß eine Verringerung an Härte eintritt. Der Kohlenstoff liegt im Stahl sowohl als Element (mit dem chemischen Symbol C) als auch an Eisen gebunden als Eisencarbid vor. Auf dieses Eisencarbid im Eisen ist auch die Härte des Gußeisens und des Stahls zurückzuführen. Eisencarbid ist etwa um den Faktor 270 härter als das reine Element Eisen. Die Eigenschaften des technischen Eisens werden also vor allem durch dessen Kohlenstoffgehalt bestimmt.

Geschichtliches

Fast ebenso alt wie Bronze wird Eisen schon in ältesten vorgeschichtlichen Zeiten als Waffe und Werkzeug verwendet. Bevor unsere Vorfahren es gelernt hatten, Eisenerze zu verhütten, diese in metallisches Eisen umzuwandeln, wurde bereits vereinzelt Meteoreisen benutzt. Gegenstände aus solchem Meteoreisen wurden von den Archäologen in etwa 5000 Jahre alten ägyptischen Gräbern gefunden. Werkzeuge aus Eisen, die man in Anatolien entdeckte, lassen sich ebenso etwa auf das dritte Jahrtausend vor unserer Zeitrechnung datieren. Die ältesten Eisenbruchstücke aus Menschenhand also *tellurisches Eisen*, stammen aus dem Zweistromland – aus einem Grab und aus einem Tempel. Die Datierung ergab für die Zeit der Entstehung 3000 bis 2700 Jahre vor Christus.
Die Sprachwissenschaftler führen das Wort Eisen auf das urkeltische Wort *»isarnon«*, bzw. keltisch-illyrische *»isarno«* (althochdeutsch dann *»isarn«* – altirisch *»iarn«*) zurück. Sie nehmen an, daß unser heutiges Wort Eisen mit dem lateinischen *»ira«* (Zorn, Heftigkeit) verwandt sei. Die Charakterisierung des Eisens al *»zorniges, kräftiges, lebenswichtiges«* Metall wird auch in vielen Sprichwörtern bzw. Redewendungen deutlich, wie:
»Not bricht Eisen.« – *»Er muß Eisen gegen seine Blutarmut nehmen.«* – *»Man muß das Eisen schmieden, solange es heiß ist.«* – *»Er gehört zum alten Eisen.«* – *»Mehrere Eisen im Feuer haben.«* – *»Durch das Eisen sterben.«* – *»Einen Verbrecher in Eisen legen.«* – *»Einen Willen fest wie Eisen haben.«* Sogar ein Zeitalter unserer Vorgeschichte, eben die *Eisenzeit* (nach der Bronzezeit), etwa ab 800 vor Christus bis zur Zeitwende, wird nach diesem Metall benannt. Vor allem im Siegerland (etwa ab 400 vor Christus) wird in dieser Zeit Eisen verhüttet – Eisenerze und Holz als Ausgangsmaterialien sind dort reichlich vorhanden. Die ältesten Verfahren der Eisenverhüttung bedienen sich des *Rennfeuerbetriebs*: Eisenerze werden in flachen Gruben zusammen mit einem Überschuß an Holzkohle erhitzt, wobei die Holzkohle mit Hilfe eines Blasebalgs (oder durch den Wind in Hanglagen) angefacht wird. Mit dieser einfachen Technik erhält man wegen der relativ niedrigen Temperaturen kein flüssiges Eisen, sondern mehr oder weniger zusammenhängend Klumpen von Schmiedeeisen – *Kuppe* genannt.
Dieses Schmiedeeisen wird dann unter kräftigem Schlagen (Hämmern) zu größeren Stücken zusammengefügt. Wahrscheinlich wurde diese Technik der Eisengewinnung zuerst im Kaukasus entwickelt, Ort und Zeit des Beginns der Entwicklung sind jedoch nicht gesichert. In größerer Verbreitung und in kulturhistorisch bedeutenderen Mengen tritt auf diese Weise gewonnenes Eisen erst seit dem 15. Jahrhundert vor Christus auf, nachdem man die richtigen Bedingungen zur Gewinnung verformbaren, schmiedba-

ren Eisens herausgefunden hatte. Im Mittelalter finden wir dann zur Eisenverhüttung bereits kleine Schachtöfen, aus denen unsere heutigen Hochöfen entwickelt wurden. Im 14. Jahrhundert wird für den Antrieb der Gebläse, die den nötigen Sauerstoff bzw. die Luft zur Verbrennung der Kohle zuführen, die Wasserkraft eingeführt. Durch die damit verbundene Steigerung der Ofentemperatur erhält man stark kohlenstoffhaltiges Eisen, das *Gußeisen*. Dieses Gußeisen ist zunächst nicht schmiedbar. Unsere Vorfahren lernten es jedoch schnell, durch erneutes Erhitzen unter reichlicher Luftzufuhr (als *Frischen* bezeichnet) schmiedbares Eisen herzustellen. Um die Zeitenwende wurden auch von den Römern am Rhein, in Italien selbst, in Spanien und auch in England für die damalige Zeit große Eisenverhüttungsanlagen betrieben.
Weitere wichtige Meilensteine in der Technik der Eisengewinnung sind die Erfindung der Dampfmaschine im 18. Jahrhundert, die Entwicklung der Eisenbahn um die gleiche Zeit und im 19. Jahrhundert dann die Einführung neuer Technologien, die mit Namen wie BESSEMER (*Bessemer-Birne*) und SIEMENS-MARTIN (*-Öfen*) verbunden sind.

Verwendung

Eisen ist heute noch das wichtigste Metall des täglichen Gebrauches. Wir finden das Wort Eisen als Bezeichnung für einen metallischen Werkstoff in erster Linie in Wortzusammensetzungen wie Eisenhammer, Eisengitter, Hufeisen, Eisenblech, Eisenbeton, Eisenwaren u. a. Die Palette der *Eisen*waren reicht von Brücken, Eisenbahnschienen, Lokomotiven, Schiffen, Straßenbahnschienen, Förderanlagen, Maschinen, Werkzeugen bis zu den Kleinartikeln wie Schrauben, Nägeln, Nadeln, Heft- und Büroklammern. In unserer Umwelt sind Eisen und Stahl allgegenwärtig. Die chemischen und mechanischen sowie auch thermischen Eigenschaften lassen sich durch *Zulegieren* anderer Metalle und auch Nichtmetalle sehr stark verändern und damit dem jeweiligen Gebrauch anpassen: *nicht rostende* und *hochschmelzende* Stähle sind hierfür die Beispiele.
Tab. 5 zeigt den gegenwärtigen Stand der Erzeugung von Roheisen und Stahl.
Neben dem Einsatz des Metalles selbst finden wir dieses Element auch in der seit Jahrhunderten bekannten schwarzen bis schwarzblauen *Eisengallustinte*, in Farbpigmenten wie *Eisenmennige, Eisenocker* und anderen *Eisenoxidpigmenten*, die für Baustoffe, Farben und Lacke, Kunststoffe, Papier und auch in der Lebensmittelindustrie verwendet werden. Dort werden sie gelegent-

lich zur Färbung von Käserinde, Verzierung von Süßwaren und Verpakkungsmaterial und in der kosmetischen Industrie für Puder und Schminken eingesetzt.

Tab. 5: Stand der Erzeugung von Roheisen und Stahl

a) Erzeugung von Roheisen (in Millionen Tonnen)

Land	1982	1981
1. Sowjetunion (1981/1980)	107,80	108,00
2. Japan	79,21	81,68
3. USA (ohne Eisenlegierungen)	39,13	66,56
4. VR China	35,51	34,50
5. BR Deutschland	27,74	31,87
6. Frankreich	15,02	17,92
7. Italien	11,60	12,37
8. Brasilien	11,11	11,24

Welterzeugung an Roheisen und Eisenlegierungen (nach Angaben der UNO) 1982 (1981) 512 (531) Millionen Tonnen

b) Erzeugung von Rohstahl (in Millionen Tonnen)

Land	1982	1981
1. Sowjetunion	147,5 (22,9 %)	150,0
2. Japan	99,5 (15,5)	101,7
3. USA	65,7 (10,2)	111,4
4. VR China	37,0 (5,7)	35,6
5. BR Deutschland	35,9 (5,6)	41,6
6. Polen	25,0 (3,9)	17,5
7. Italien	24,0 (3,7)	24,7
8. Frankreich	18,4 (2,9)	21,1

Weltproduktion an Rohstahl (Angaben der UNO) 1982 (1981) 643,6 (710,7) Millionen Tonnen.

Eisen im Boden

Die Grundgebirge unserer Erde, die hauptsächlich aus *Granit* aufgebaut sind, enthalten etwa 2,5 % Eisen. Durch die natürliche Verwitterung werden die eisenhaltigen Minerale und Gesteine zerteilt und zersetzt – sie verwittern: es bilden sich stabile *Eisenoxide* und auch *Oxidhydrate*, die neben dem Sauerstoff noch Wasser enthalten. Alle diese Verbindungen des Eisens sind in Wasser nur wenig löslich.
Eisenverbindungen mit Sauerstoff als Partner sind intensiv rot oder braun gefärbt – Eisen liegt darin in der Oxidationsstufe (III) vor. So finden wir dann solche eisenhaltigen Stoffe aus der Verwitterung von Mineralien und Gesteinen im *Sandstein* (vor allem im Buntsandstein), in *Tonen, Lehmen* und auch im *Kalk* und *Mergel*, die je nach Gehalt und chemischer Verbindungsform des Eisens rötlich, bräunlich oder gelblich gefärbt sind. Auch in den Salzlagerstätten (z. B. des Steinsalzes) verraten sich Eisenverbindungen als Begleitstoffe durch die Farbe.
Die gelbbraune Bodenfärbung wird duch das *Goethit* (FeOOH) verursacht. Dieses Eisenoxidhydrat entsteht bei der Wiederausfällung von Eisen(III)-Ionen aus Bodenlösungen, aus dem Wasser im Boden. Für die Ausfällung als unlösliche Verbindung ist eine gute Durchlüftung des Bodens – also ausreichend Sauerstoff – Voraussetzung, Bedingungen, wie sie in wurzelreichen Böden gegeben sind. In unseren Breitengraden mit noch relativ jungen nacheiszeitlichen Böden werden die notwendigen Eisen(III)-Ionen durch die Verwitterung z. B. der *Glimmer* (eisenhaltiger Silikate) in den zur Goethit-Bildung erforderlichen *geringen* Konzentrationen geliefert.
Blutrote Färbungen von Böden werden von einem anderen speziellen Eisenoxid – dem *Hämatit* (Fe_2O_3) verursacht. Dieses Eisenoxid entsteht, wenn *höhere* Eisenmengen freigesetzt werden und dann in der Bodenlösung als Eisen(III)-Ionen vorliegen. Seine Bildung erfolgt unterhalb des Wurzelraums. Ein weiteres Eisenoxid, der *Lepidokrokit*, ist schließlich für die gelbe Farbe unserer Böden verantwortlich: In der Kontaktzone zwischen sauerstoffreicher Luft und sauerstoffarmem Wasser können Eisen(II)-Ionen schnell zu Eisen(III)-Ionen oxidiert werden – auf diese Weise entsteht der orangegelbe Lepidokrokit (FeOOH). Hämatit und auch Lepidokrokit können im Wurzelraum von Bäumen, wo organische Stoffe aus den Wurzeln als Komplexbildner für das Eisen ausgeschieden werden, in das Goethit umgewandelt werden – man spricht in der Bodenkunde bei dieser Umwandlung von einer *Verbraunung* des Bodens.
Aber nicht nur bei diesen chemischen Vorgängen spielt das Eisen eine wichtige Rolle im Boden, auch die *Krümelstruktur*, die lockere, krümelige, poröse Struktur des Bodens wird mit durch das Eisen bestimmt. Diese

Krümelstruktur gewährleistet den für das Pflanzenwachstum erforderlichen Luft- und Feuchtigkeitsaustausch; außerdem ist bei einer krümeligen Beschaffenheit des Bodens dessen Widerstand gegen den Druck der Wurzeln und allgemein gegen das Durchbrechen von Pflanzenteilen am geringsten. Die Stabilisierung der Krümelstruktur erfolgt unter anderem auch durch das Eisen, das in Silikaten eingebaut ist. Wird dieses Eisen dagegen löslich, z. B. durch das Eindringen oder auch die Entstehung größerer Säuremengen (s. Wasserstoff), infolge einer Versauerung des Bodens, so bricht langsam diese Struktur zusammen, und es werden außerdem die in höheren Konzentrationen für Pflanzen giftigen Eisen(III)-Ionen frei.

Eisen im Wasser

Durch die Verwitterung von Gesteinen im Boden entstehen im Wasser wenig lösliche Eisenoxide und -oxidhydrate. Die sehr niedrigen Eisenkonzentrationen im Meerwasser mit durchschnittlich nur 3 bis 4 Millionstel (Mikro-) g/kg zeigen deutlich, wie gering die Beweglichkeit (*Mobilität*) dieses Metalles in unserer Umwelt unter natürlichen Bedingungen ist. In anderen Wässern, die vor allem größere Mengen an Kohlensäure in gelöster Form enthalten, finden wir wegen der besseren Löslichkeit des Eisenhydrogencarbonats (ein »Bicarbonat« wie das bekannte Backhilfsmittel Natriumbicarbonat) Gehalte bis in den Milligrammbereich, z. B. auch in den Grundwässern der Norddeutschen Tiefebene 1 bis 3 (und sogar bis 10) mg/l. Diese hohen Konzentrationen werden von Wässern mit Sauerstoffmangel, d. h. unter *reduzierenden Bedingungen*, noch übertroffen: hier liegt das Eisen als Eisen (II)-Ion bzw. -Salz vor. In sauren Grubenwässern, z. B. aus Braunkohlengebieten, finden wir Eisensulfat in Mengen bis zu 1g/l. Auch in Moorwässern ist viel Eisen gelöst, hier ist das Metall bzw. dessen Ionen jedoch an organische Stoffe, die Huminsäuren, ziemlich fest gebunden. Die Löslichkeit im Wasser hängt, wie die Angaben über die sauren Grubenwässer zeigen, auch vom Säuregehalt des Wassers ab. Je niedriger der pH-Wert (s. Wasserstoff), um so mehr Eisen (vor allem in der Eisen(III)-Form) kann gelöst werden. Welcher Anteil im Wasser nun am Ende tatsächlich gelöst ist, hängt von vielen Vorgängen und Bedingungen ab – Freisetzung aus dem Boden und der Gehalt im Wasser sind ein Ergebnis von chemischen Gleichgewichtsvorgängen.
In den meisten sauerstoffhaltigen Gewässern ist Eisen nur in geringen Spuren vorhanden. Höhere, meßbare Eisenkonzentrationen in Oberflächenwässern können auch vom Menschen verursacht werden; durch Korrosionsvorgänge in Wasserversorgungsanlagen, durch Abwässer aus eisenver-

arbeitenden Betrieben, z. B. aus Beizereien, gelangen zusätzliche Eisenmengen in das Wasser, auch in unser Trinkwasser. Es gibt nun eine Reihe von Bakterien, die Eisen als lebensnotwendiges Element benötigen, die in eisenhaltigem Wasser zu sehr langen Fäden zusammenwachsen können – die *Eisenbakterien*. Wir finden solche gelb bis braunrot gefärbten Bakterienkolonien auch in Tümpeln und Gräben, z. B. im Frühjahr, immer dort, wo höhere Eisenkonzentrationen vorhanden sind. Solche oft bohnenförmigen Mikroorganismen scheiden einen eisenhaltigen Schleim aus. Sie verstopfen (wie auch auf chemischem Wege – z. B. bei Entfernung der Kohlensäure) durch ausfallendes Eisenoxidhydrat die Rohrleitungen. Im Leitungswasser sollte daher eine Konzentration von weniger als 0,1 mg/l vorhanden sein. Sind die Gehalte wesentlich höher, so tritt eine spontane Massenentfaltung von Eisenbakterien auf. Auch an Rohwasser werden bestimmte Anforderungen gestellt: Um die für Trinkwasser notwendige *Enteisenung* wirtschaftlich durchführen zu können, sollen auch hier die Eisengehalte unter 1,5 mg/l liegen. Das gelöste Eisen kann aus vielen Wässern vor dem Gebrauch durch Belüftung, d. h. durch reichliche Zufuhr von Luft und damit von Sauerstoff als Eisen(III)-hydroxid ausgefällt werden. Diesen Vorgang bezeichnet man als *Enteisenung*. Voraussetzung dafür sind aber bestimmte Formen des Eisens: An organischen Stoffe, z. B. Huminstoffe, gebundenes Eisen kann nicht auf diese Weise in Eisenhydroxid überführt werden. Eisen und auch der häufige Begleiter Mangan sind im Wasser für Betriebe der Lebensmittelindustrie (wie Molkereien, Brauereien) und vor allem auch in Wäschereien unerwünscht, wobei sie in den letzteren zu Rostflecken und schwarzen Manganflecken führen. Eisensalze im Wasser schmeckt man sehr deutlich, wie ein Trunk eisenhaltiger Mineralwässer, den *Eisensäuerlingen* mit 10 bis 50 mg/l deutlich zeigt. Eisenreiche Wässer haben auch als Gießwässer schädliche Wirkungen – besonders auf das Wachstum von Alpenrose und Farnen.

Eisen in Pflanze, Tier und Mensch

Eisen gehört zu den wichtigen, lebensnotwendigen (*essentiellen*) Spurenelementen, deren Fehlen vor allem bei Tier und Mensch zu Mangelerscheinungen führt. Aber auch für Pflanzen ist Eisen ein *Mikronährstoff* – ein Nährstoff, der für ein optimales Wachstum in geringer Menge erforderlich ist. Seine Rolle spielt es hier in der Photosynthese, in der Umwandlung von Kohlendioxid und Wasser in den Zucker Glucose und Sauerstoff: Für die Bildung des Chlorophylls, welches die für diese chemische Umsetzung erforderliche Lichtenergie aufnehmen kann, und auch für die Bildung anderer Zucker (Kohlenhydrate) ist die Anwesenheit des Eisens erforderlich. Damit Eisen aus dem Boden in die Pflanzen gelangen kann, muß es in einer *pflanzenverfügbaren* Form vorliegen. Eine der Voraussetzungen für die Aufnahme durch das Wurzelsystem der Pflanzen ist eine gelöste Form des Eisens im Wasser. Aber auch das gelöste Eisen wird nicht generell aufgenommen, die Form spielt dabei eine entscheidende Rolle: Liegt es an Huminsäuren gebunden vor, so kann es die Zellmembranen nicht passieren. In den pflanzlichen und tierischen Zellen liegt dann das Spurenelement Eisen als von organischen Stoffen sehr komplex gebundener Katalysator vor, z. B. in *Enzymen*, welche biochemische Reaktionen (Stoffwechselvorgänge) steuern. Ein 70 kg schwerer Mensch besitzt etwa 4,2 g Eisen in solchen Verbindungen, die Namen wie *Hämoglobin* (roter Blutfarbstoff) und *Myoglobin* (roter Muskelfarbstoff) tragen. Von diesen 4,2 g Eisen sind bereits 70 % in Hämoglobin und 9 % im Myoglobin enthalten. Die wichtigste Funktion des Eisens in diesen Verbindungen besteht darin, für den Transport und auch für die Speicherung von molekularem Sauerstoff zu sorgen. Eisen stellt mengenmäßig nur einen geringen, aber sehr wichtigen Teil in solchen Molekülen dar: 3 g Eisen sind in 900 g Hämoglobin enthalten. Bei den komplizierten biochemischen Vorgängen der Atmung wechselt Eisen seine Ladung: Aus einer Eisen(II)-Verbindung wird eine Eisen(III)-Verbindung und umgekehrt – eine *Redox-Eigenschaft* der Eisen-Ionen, die wir bereits im Wasser kennengelernt haben. Eine Vergiftung durch Blausäure wirkt sich aufgrund dieses Verhaltens von Eisen so aus, daß Eisen(III) durch Blausäure fester gebunden wird als im organischen Molekül. Die Wirksamkeit, die an das organische Molekül gebunden ist, geht damit für die Sauerstoff-Übertragung verloren. Die Atmungskette ist unterbrochen. Mensch und Tier müssen somit ersticken.

Wegen der wichtigen physiologischen Rolle des Eisens führt ein Mangel an diesem essentiellen Spurenelement zunächst zu einem Leistungsabfall bis hin zum Auftreten schwerer Krankheitserscheinungen, die unter dem Begriff *Anämie* zusammengefaßt werden. Von dem wichtigen Hämoglobin werden im gesunden Körper täglich 8 bis 9 g abgebaut, das vorher gebundene Eisen wird freigesetzt und zum Teil ausgeschieden. Daher benötigt der Körper täglich einen Nachschub an Eisen. Hoher Blutverlust, chronische Blutungen, Stoffwechselstörungen, die sich auf eine ungenügende Resorption des Eisens im Verdauungstrakt zurückführen lassen, oder auch ein erhöhter Eisenbedarf (wie in der Schwangerschaft, bei schnellem Wachstum von Säuglingen) führen zur Anämie: Die Gewebe des Körpers können bei Eisenmangel nicht mehr ausreichend mit dem lebensnotwendigen Sauerstoff versorgt werden. Es treten Appetitlosigkeit, leichte Ermüdbarkeit bis Ermattung auf. Ähnlich wie bei den Pflanzen ist es nun wichtig, in welcher Form das Eisen dem Menschen zugeführt wird. Bei einer Therapie wird es besonders leicht als Eisen(II)-salz, z. B. in Verbindung mit Vitamin C, der Ascorbinsäure, resorbiert. Vitamin C sorgt dafür, daß Eisen nicht zum Eisen(III) oxidiert wird. Durch die Zufuhr der gut resorbierbaren Eisen(II)-Verbindungen in Form von Eisenpräparaten lassen sich in den meisten Fällen die beschriebenen Eisenmangelerkrankungen bzw. die angesprochenen Symptome beseitigen. Bei zu hohen Gaben an Eisen(II)-salzen wurden, vor allem bei Kindern, jedoch auch Giftwirkungen festgestellt: Bei der Behandlung der Blutarmut traten in England und in den USA Vergiftungen, begleitet von blutigem Erbrechen, auf, die auch Todesfälle zur Folge hatten.

Bereits vor 150 Jahren haben Ärzte die Wirkung des Eisens erkannt und gezielt in eine Therapie umgesetzt: Sie gaben ihren Patienten Eisen(II)-carbonat zusammen mit Zucker als Schutz gegen die Oxidation zu den schlecht resorbierbaren Eisen(III)-Verbindungen. Angeblich soll aber bereits der griechische Geschichtsschreiber HERODOT empfohlen haben, alte rostige Hufeisennägel in saure Äpfel zu stecken, wobei sich das Eisen im Apfelsaft löst, und diese so behandelten Äpfel jeden Morgen gegen die Bleichsucht zu essen. Im 17. Jahrhundert wurde Wein gegen Blutarmut verordnet, in dem vorher Eisenfeilspäne aufgelöst worden waren. Auch die bereits genannten Eisensäuerlinge können eine therapeutische Wirkung haben. Eisen(III)-salze wurden außerdem früher zur Blutstillung (als Eisenchlorid-Watte) eingesetzt – Eisen(III)-chlorid wirkt lokal angewendet ätzend und führt zu einer Ausfällung von Eiweiß und damit zum Verschluß der Wunde.

Die Eisenresorption aus den verschiedenen Lebensmitteln ist sehr unterschiedlich: Lebensmittel mit durchschnittlichen Gehalten an Eisen, wie Spinat, liefern dem Körper trotzdem nur sehr wenig Eisen, da dieses an die Oxalsäure (eine organische Säure) gebunden in einer Form vorliegt, die nicht vom Darm resorbiert wird. Lange Zeit hatte man aufgrund eines »Kommafehlers« in der Literatur Spinat als besonders eisenreiches Lebensmittel eingestuft, das vor allem für Kinder empfohlen wurde. Weder der Gesamtgehalt an Eisen noch das Resorptionsverhalten empfehlen Spinat bei Eisenmangel. Im Magen wird zunächst der lösliche Anteil aus den Lebensmitteln durch die Magensalzsäure freigesetzt. Dieses gelöste Eisen muß nun durch die Wände des Zwölffingerdarms und des oberen Dünndarms in die Blutbahn gelangen. Lebensmittel mit besonders guter Eisenresorption sind Fleisch (mit 20 bis 30 %) und Leber (10 bis 20 %). Pflanzliche Lebensmittel weisen nur eine Resorption von etwa 5 % auf. Die durchschnittliche Eisenresorption unserer Nahrung liegt bei etwa 10 %. Wird aber während des Essens zum Beispiel Tee mit vielen, das Eisen komplexierenden organischen Inhaltsstoffen getrunken, so sinkt die Eisenresorption.

Bei der Wanderung durch den Körper in die verschiedenen Organe wie Leber, Knochenmark, Muskeln ist das Metall an Eiweißstoffe gebunden. *Ferritin* und *Transferrin* heißen solche eisenhaltigen Eiweißstoffe. Die Anwesenheit von Eisen in Nahrungsfetten kann auch nachteilige Folgen haben. Neben Kupfer beschleunigt Eisen den Fettverderb (das Ranzigwerden von Fett) – die Oxidation ungesättigter Fettsäuren durch den Luftsauerstoff wird bei Anwesenheit von Eisen beschleunigt.
Erwachsene sollen aufgrund des Eisenverlustes (Abbau von Hämoglobin und Ausscheidung von Eisen) täglich 1,2 bis 1,8 mg an Eisen mit der Nahrung aufnehmen, d. h. diese Menge soll im Körper zurückbleiben, die Nahrung muß also etwa die zehnfache Menge enthalten. Männer haben einen geringeren Bedarf als Frauen – nur 0,5 bis 0,9 mg.

Besonders eisenreiche Lebensmittel sind:
Schnittlauch	etwa 11 mg/100 g
weiße Bohnen	6 mg/100 g
Bierhefe	17 mg/100 g
Weizenkeime	9 mg/100 g
Schweineleber	19 mg/100 g
Rinderleber	6–7 mg/100 g
Spinat	nur 3 mg/100 g

In Getränken verursachen erhöhte Eisengehalte oft Trübungen, z. B. im Bier oder im Wein. Das natürliche Eisen im Wein stammt allein aus dem Weinbergboden, von dort wird es durch die Rebwurzeln aufgenommen. Über Rebwurzel, Traube und Traubenmost gelangt dieses Eisen dann in den Wein. Ein sekundärer Eisenanteil kommt aus dem Staub der Luft, aus Erdteilchen, durch die Berührung mit eisenhaltigen Gefäßen in den Traubenmost und damit dann auch in den Wein. Bei der Weinherstellung lassen sich erhöhte Gehalte an Eisen auf dem Wege der *Blauschönung* zusammen mit anderen Stoffen entfernen: man setzt dem Wein ein komplexes Eisensalz, das *gelbe Blutlaugensalz*, zu, welches mit den für Metalltrübungen verantwortlichen Metallen Eisen, daneben auch Kupfer und Zink als *Blautrub* ausfällt. Mit diesem Blautrub (die Färbung wird vor allem durch die Eisenverbindung *Berliner Blau* hervorgerufen, mit zwei Eisenatomen im Molekül) werden auch Eiweißtrübungen im Wein beseitigt.

Eisen im Test

Das Teststäbchen besitzt eine Reaktionszone. Es wird kurz in die zu untersuchende Lösung eingetaucht, wobei die Testzone voll benetzt sein muß. Das überschüssige Wasser wird sofort vorsichtig abgeschüttelt, die Verfärbung der Testzone nach 10 bis 15 Sekunden mit der Farbskala im Buchvorsatz verglichen.

Es lassen sich folgende Konzentrationsbereiche unterscheiden: 0 bis 3, 3 bis 10, 10 bis 25, 50 bis 100, 100 bis 250 und 250 bis 500 mg/l an Eisen.

Die Farbschattierungen gehen von Hellrosa bis Dunkelrot. Mit diesem Test werden jedoch nur Eisen(II)-Ionen erfaßt! In den meisten Fällen liegt Eisen in der Oxidationsstufe +3 vor. Durch Zugabe von etwas *Ascorbinsäure* (Vitamin C) in fester Form wird Eisen in die zweiwertige Stufe reduziert.

In den meisten natürlichen Proben wie Wässern und Getränken liegen so niedrige Eisenkonzentrationen vor, daß die Teststäbchen keinen Nachweis ermöglichen. Ausnahmen bilden die *Eisensäuerlinge* und auch braun gefärbtes Leitungswasser, das aus alten Eisenrohren kommt. In beiden Fällen muß einer Wasserprobe zunächst feste Ascorbinsäure zugesetzt werden, die braune Färbung verschwindet langsam (schütteln, damit sich die Ascorbinsäure löst), es entstehen die für den Nachweis erforderlichen Eisen(II)-Ionen.

Mineralwässer, die über 10 mg/l an Eisen verfügen, werden Eisensäuerlinge, Eisenwässer oder Stahlquellen genannt. In den meisten Fällen liegt das Eisen als Eisen(II)-hydrogencarbonat vor, als Eisen(III)-salz würde es sehr rasch als Hydroxid ausfallen. Läßt man solche Mineralwässer offen an der Luft stehen, so daß Kohlendioxid entweichen kann, so beobachtet man, wie sich ein brauner Niederschlag am Boden des Gefäßes bildet. Um eine stabile Lösung des Eisens zu erhalten, muß ein großer Überschuß an Kohlendioxid im Wasser gelöst sein. Beim Transport und bei der Lagerung solcher Eisensäuerlinge kann es leicht zu Ausflockungen des Eisens als Oxidhydrat kommen. Daher werden diese Mineralwässer meist nur am Badeort selbst getrunken. Bekannte Eisenquellen gibt es in: Bad Pyrmont, Bad Schwalbach (im Taunus), in St. Moritz, in Bad Cannstatt-Stuttgart (Berger Sprudel) und in Bad Homburg (Homburger Stahlbrunnen).

In Weinen liegen maximal Konzentrationen von 10 mg/l vor, sie werden jedoch äußerst selten erreicht. **Wein** eignet sich jedoch zu einem Experiment mit dem Eisen: Man läßt einen rostigen Nagel oder auch Eisenspäne (durch Feilen erhalten) in einer Weinprobe oder noch besser in saurem Wein eine Zeitlang mit den Säuren des Weins reagieren und prüft dann nach einigen Tagen, wieviel an Eisen in Lösung gegangen ist.

Weitere Entdeckungen lassen sich anhand von festen Proben unternehmen:

In Extrakten aus z. B. **Bierhefe** oder **Schnittlauch** sowie auch aus **Böden**, die man durch Schütteln mit Säuren wie Essigsäure (Haushaltsessig), einer 2%igen Weinsäure- oder Citronensäure-Lösung (beide Säuren als feste Stoffe in Apotheken und Drogerien erhältlich) herstellt, kann man versuchen, nach der Zugabe einer Spatelspitze Ascorbinsäure, dem Eisen auf die Spur zu kommen.

Weitere Untersuchungsobjekte, die für diesen Test geeignet sein können, sind **Multivitaminpräparate**, wobei beim Auflösen darauf zu achten ist, daß mindestens eine Konzentration von 3 mg/l Eisen erreicht wird. Also nicht zu viel Wasser verwenden, sondern möglichst konzentrierte Lösungen herstellen. Das gilt auch für die Extrakte aus den festen Proben! Um die Konzentrationen zu erhöhen, kann man das Wasser einer Probe auch teilweise durch Stehen an der Luft verdunsten lassen. Wichtig ist jedoch bei allen diesen Probevorbereitungen, die Messung des Volumens mit einem Küchenmeßbecher nicht zu vergessen, wenn man halbquantitative Aussagen machen will.

Ein quasi **historischer Versuch** besteht darin, einen rostigen Eisennagel in einen möglichst sauren Apfel zu stecken und nach einigen Tagen aus dem Fruchtfleisch, das man um den Nagel herausschneidet, mit Hilfe einer Knoblauchpresse den Saft herauszupressen und – wiederum nach Zugabe der Ascorbinsäure – den Eisengehalt zu ermitteln (nicht vergessen, ein unbehandeltes Apfelstück ebenfalls zu untersuchen).

13 Kupfer

Vorkommen

Nur etwa sieben Tausendstel eines Prozents beträgt der Anteil des Kupfers am oberen Teil der Erdkruste; in der Häufigkeitsliste steht dieses Element erst auf Platz 25. Kupfer zählt zu den *Halbedelmetallen* – es kommt daher im Unterschied zum Eisen (s. dort), wenn auch selten, in gediegener Form vor, zum Teil auch in Gesellschaft des Arsens. Lagerstätten von *gediegenem Kupfer* befinden sich in den USA – am Oberen See im Staate Michigan –, im Ural und in Neumexiko. Dieses elementare Kupfer ist oft auch in andere Gesteine eingesprengt oder lagert in staub- bis schrotkorngroßen Stücken wie in den USA über anderen Gesteinsschichten. Das gediegene Kupfer

zeigt überwiegend die charakteristische kupferrote Farbe, solange keine Verwitterungsvorgänge das Metall angegriffen haben.
Das häufigste Kupfermineral ist *Kupferkies* – auch *Chalkopyrit* genannt – *Pyrit* wegen des Begleiters Eisen in sulfidischer Form, als $CuFeS_2$. Ein weiteres wichtiges Mineral ist der *Kupferglanz* (Cu_2S). Zusammen mit Eisen kommt Kupfer in anderen Mineralen als *Buntkupferkies* (Bornit = Cu_3FeS_3) vor.
Seltener, jedoch von bergbaulichem Interesse, sind folgende weitere Kupfererze:
Malachitgrün: $CuCO_3$ x $Cu(OH)_2$
Azurit (Kupferglasur): 2 $CuCO_3$ x $Cu(OH)_2$ – beides carbonatische Minerale, deren Namen bereits die Farbigkeit verrät.
Pseudomalachit mit einer ziemlich komplizierten Zusammensetzung: $Cu_5 [(PO_4)(OH)_2]_2$, als phosphathaltiges Mineral,
Rotkupfererz (Cuprit): Cu_2O, als Kupfer(I)-oxid.
Tab. 6 nennt die zwölf wichtigsten Staaten in der Bergwerksproduktion von Kupfer (aus der »Metallstatistik« des Jahres 1981) in 1000 Tonnen Kupfer.

Tab. 6: Die 12 wichtigsten Staaten in der Kupfer-Bergwerksproduktion des Jahres 1981

	in 1000 Tonnen Kupfer	Prozent		in 1000 Tonnen Kupfer	Prozent
1. USA	1538,2	(18,5)	7. Peru	327,6	(3,9)
2. Sowjetunion	1140,0	(13,7)	8. Philippinen	302,3	(3,6)
3. Chile	1080,8	(13,0)	9. Polen	294,6	(3,5)
4. Kanada	718,1	(8,6)	10. Mexiko	230,2	(2,8)
5. Sambia	587,4	(7,1)	11. Australien	223,4	(2,7)
6. Zaire	504,8	(6,1)	12. Südafrika	210,6	(2,5)

– Die Prozentangaben beziehen sich auf die Weltförderung. –

Im Weltverbrauch nimmt die Bundesrepublik Deutschland nach den USA, der Sowjetunion und Japan den vierten Platz mit 0,744 Millionen Tonnen raffiniertem Kupfer von weltweit 9,493 Millionen Tonnen (1981) ein, die Förderung in unserem Land beträgt dagegen nur 1400 Tonnen (DDR 12 000 Tonnen).
Die westeuropäischen Vorräte insgesamt (Spanien, Portugal, Irland und auch im Rammelsberg im Harz) betragen etwa 4 % an den geschätzten Welt-

Kupfervorräten von 600 Millionen Tonnen (Chile 120 – USA 100 – Sowjetunion 50 – Sambia 40 – Kanada 35). In den USA und Kanada, in Mittel- und Südamerika und in Zentralafrika befinden sich insgesamt die größten Kupferlager.
Die Kupfermineralien kommen manchmal in sehr feinen Teilchen vor, eingesprengt in andere Gesteine, z. B. in den plattenförmigen, durch den starken Bitumengehalt schwarz gefärbten *Mergeln* am Südrand des Harzes, in dem Mansfelder Kupferschiefer, dessen Vorkommen heute jedoch fast schon erschöpft sind. Hält der Kupferverbrauch weltweit an, so werden die bisher bekannten Vorkommen bereits in etwa 30 Jahren ausgebeutet sein. Wegen dieser Zukunftsperspektiven gewinnen auch Manganknollen an Bedeutung: Obwohl ihr durchschnittlicher Gehalt an Kupfer nur 0,5 % beträgt, wird das Gesamtvorkommen an Kupfer in diesen marinen Manganknollen auf mehr als eine Milliarde Tonnen geschätzt.
Die Kupferbilanz in der Bundesrepublik Deutschland zeigt, daß neben der Einfuhr von Kupfererzen (1981 = 481 100 Tonnen), vor allem aus Papua-Neuguinea (an 14. Stelle in der Bergwerksproduktion), Mexiko, Südafrika, Norwegen und Indonesien, die Einfuhr von Rohkupfer (mit 447 400 Tonnen) sowie die Verhüttung von Schrott (mit 234 700 Tonnen) eine wesentliche Rolle spielen. Außerdem wurden 1981 auch 82 000 Tonnen Kupfer wieder ausgeführt.

Gewinnung

Die Gewinnung von metallischem Kupfer unterscheidet sich von der Eisenverhüttung vor allem in der Zahl der Prozeßschritte und in der Möglichkeit, dieses edlere Metall auch mit Hilfe elektrischer Energie aus Lösungen in reiner Form abscheiden zu können.
Vor der eigentlichen Verhüttung müssen fast alle sulfidischen Kupfererze, die neben anderen Metallsulfiden und nichtmetallhaltigen Anteilen nur relativ geringe Kupfergehalte besitzen, aufbereitet werden. In diesem ersten Schritt der Kupferverarbeitung, der *Aufbereitung*, wird die *Gangart* – Mineralien und Gestein, die kein Kupfer bzw. allgemein keine Metalle enthalten, wie Quarz, Sand, Ton u. a. – abgetrennt. Um dieses Ziel mit möglichst wenig Energieaufwand zu erreichen, bedient man sich hierzu der *Schwimmaufbereitung*, die als *Flotation* bezeichnet wird: Die fein zerkleinerten, zermahlenen Erze werden in großen Behältern mit Wasser verrührt. Metallsulfide und auch viele Metalloxide sowie Kohle stoßen Wasser ab. Die Bestandteile der Gangart, das taube Gestein aus Quarz, Silikaten, Phospha-

ten und anderen Salzen, die keine Schwermetalle enthalten, werden dagegen leicht vom Wasser benetzt. Aufgrund dieser unterschiedlichen Eigenschaften reichern sich die metallhaltigen Erzpartikel, meist unter Zusatz von schaumbildenden Stoffen, in dem Wasserbecken an der Oberfläche in einer Schaumschicht ab: Der Schaum trägt die schweren Erzteilchen an die Wasseroberfläche, die Gangart, die vom Wasser vollständig benetzt wird, setzt sich am Boden ab oder schwebt ohne anhaftende Luftblasen unter den Kupfererzen im dadurch stark getrübten Wasser. Der Schaum mit den kupferhaltigen Teilchen kann dann abgeschöpft und weiter verarbeitet werden. Die daran anschließende *Röstarbeit*, das Erhitzen der sulfidischen Erze unter Luftzufuhr, führt zu einer überwiegenden Umwandlung in das Kupfer(I)oxid:

$$2\ CuS + 3\ O_2 \rightarrow 2\ Cu_2O + 2\ SO_2$$

Aus dem Kupfer(II)-sulfid wird mit viel Sauerstoff das Kupfer(I)-oxid und Schwefeldioxid, das aus der heißen Luft herausgewaschen werden muß. Enthält das Röstprodukt noch viel Eisen als Eisensulfid, was häufig der Fall ist, dann wird im nächsten Schritt eine *Schmelzarbeit* durchgeführt. Das Röstprodukt aus der Röstarbeit, welches nun Kupfer(II)-oxid – im Gegensatz zu eisenfreien Kupfererzen – und Eisen(II)-sulfid enthält, wird zusammen mit Koks und Sand (also Siliciumdioxid) in speziellen *Schacht-* oder *Flammöfen* geschmolzen.

Eine der möglichen chemischen Umsetzungen läßt sich folgendermaßen beschreiben: Aus Kupferoxid und Eisensulfid werden beim Zusammenschmelzen mit Kohlenstoff und Siliciumdioxid die Produkte Kupfer(I)-sulfid und Eisensilicat (als Schlacke), der feste Kohlenstoff wird dabei zum Gas Kohlenmonoxid:

$$2\ CuO + FeS + C + SiO_2 \rightarrow Cu_2S + FeSiO_3 + CO$$

Alle beschriebenen Umwandlungen sind durch den Wechsel der *Oxidationsstufen* der Elemente, vor allem des Kupfers, aus der Oxidationsstufe II in I und umgekehrt, charakterisiert, wobei Sauerstoff als *Oxidationsmittel* und Kohlenstoff als *Reduktionsmittel* fungieren.

Das in diesem Schmelzprozeß nun entstandene Kupfer(I)-sulfid befindet sich zusammen mit eventuell noch vorhandenem Eisensulfid als *Kupferstein* unter der Schlacke aus Eisensilicat. Die beschriebene Schmelzarbeit bewirkt also eine weitgehende *Entschwefelung der Erze,* speziell des hohen Anteils an Eisensulfid. Das metallische Kupfer kann nach diesen Prozeßschritten dann endlich nach der Technik des *Verblaseröstens* gewonnen werden. Dazu wird der Kupferstein aus dem vorangegangenen Schritt der Schmelzarbeit in einem *Konverter* (ein kippbares, birnen- oder kastenförmiges Gefäß) unter

Einblasen von Preßluft erhitzt. Die wesentlichen Ergebnisse dieses Verblaseröstens sind die zunächst teilweise Oxidation des Kupfers:

$2\,Cu_2S + 3\,O_2 \rightarrow 2\,Cu_2O + 2\,SO_2$ (Röstarbeit)

Aus Kupfer(I)-sulfid wird Kupfer(I)-oxid und wieder Schwefeldioxid – und dann die Umwandlung von Kupferoxid und -sulfid zum Metall Kupfer und erneut die Bildung von Schwefeldioxid:

$2\,Cu_2O + Cu_2S \rightarrow SO_2 + 6\,Cu$ (Reaktionsarbeit)

Die beiden Kupferverbindungen reagieren in der Hitze also mit sich selbst, setzen den Schwefel und den Sauerstoff als Schwefeldioxid frei und geben auf diesem Wege schließlich das reine Metall frei. Dieser Verfahrensschritt stellt außerdem eine Übertragung des aus der Eisenverhüttung bekannten *Bessemer*-Verfahrens auf die Kupfergewinnung dar. Diese, heute in allen Einzelschritten in ihren chemischen Wegen aufgeklärten Verfahren, waren auch schon unseren Vorfahren als Ergebnis vielfältiger Erfahrungen aus vielen Jahrhunderten bekannt. Die wesentlichen Schwierigkeiten der Gewinnung liegen, wie die Reaktionen im einzelnen gezeigt haben, in der Anwesenheit des Schwefels.

Aus den auffallend gefärbten oxidischen Kupfererzen ließ sich viel leichter durch Erhitzen mit Holzkohle reines Kupfer gewinnen. Die gleiche Behandlung sulfidischer Erze führte aber zunächst zu dem beschriebenen Kupferstein, der sich nur in mehrstufigen Röst- und Schmelzschritten in das Kupfer überführen läßt. Aber auch diese kompliziertere Technik war bereits um 1800 vor Christus im Salzburger Land bei Mitterberg bekannt.

Wegen der relativ niedrigen Kupfergehalte von nur 1,5 bis 2 % werden die heute abgebauten Erze im Unterschied zur beschriebenen Verhüttung mit Hilfe des Feuers, der *pyrometallurgischen* Verhüttung, auf *hydrometallurgischem* Wege – aus wäßrigen Lösungen, also mittels Wasser – weiter verarbeitet. Die kupferarmen Erze werden zunächst mit verdünnter Schwefelsäure ausgelaugt. Aus der entstandenen Kupfersalzlösung läßt sich dann das edle Kupfer mittels des unedleren Eisens – in Form von Eisenschrott – abscheiden; dabei geht für das Kupfer Eisen in Lösung. Eine Reduktion zum Kupfer aus einer Kupfersalzlösung kann man aber auch mit Hilfe des elektrischen Stromes, also auf elektrolytischem Wege, erreichen. Rohkupfer aus der pyrometallurgischen Gewinnung, welches noch Verunreinigungen an anderen Metallen aus den aufbereiteten Erzen enthält, kann auf diesem elektrolytischen Wege gereinigt und somit als hochreines Kupfer: Elektrolytkupfer mit 99,95 % Kupfer, gewonnen werden. Im *elektrolytischen Raffinationsverfahren* werden im Verlauf dieser Reinigung aus dem Rohkupfer Platten gegossen und diese in schwefelsaurer Kupfersulfatlösung bei geringer

Spannung und damit geringem Energieverbrauch elektrolysiert und auf diese Weise aufgelöst. Dann ändert man die Stromrichtung und nur das Kupfer – und nicht die unedlen Metalle, die als Verunreinigungen des Rohkupfers ebenfalls gelöst wurden – scheidet sich in hochreiner Form an einer Elektrode, der Kathode, ab.

Neben der Kupfergewinnung aus Erzen spielt heute vor allem mit abnehmenden Kupfervorräten die Wiedergewinnung (*Recycling*) von Alt- und Abfallkupfer und auch von Abwässern aus Galvanikbetrieben eine bedeutende Rolle.

Das Auslaugen des Kupfers aus kupferarmen Erzen wird in neuerer Zeit auch über die Tätigkeit von speziellen Bakterien – ohne die Verwendung von Schwefelsäure – als *Bioleaching-Verfahren* durchgeführt. Um sulfidisch gebundenes Kupfer gelöst zu bekommen, muß ja vor allem der sulfidische Schwefel in Sulfat umgewandelt (oxidiert) werden. Dieser Vorgang kann nun von natürlich vorkommenden Bakterien sehr beschleunigt werden, ohne daß man Energie dazu benötigt. Bei sauren pH-Werten zwischen 1,5 und 3 und Temperaturen von etwa 25 °C vermögen die Bakterien des Stammes *Thiobacillus thiooxidans* bei ausreichender Luftsauerstoffzufuhr den Schwefel im Kupfererz zu Sulfat zu oxidieren und damit das Kupfer als Kupfersulfat in Lösung zu bringen. Dieser Auslaugung (*leaching*) nach komplizierten chemischen Stoffwechselvorgängen der Bakterien bedient man sich in der Praxis bereits in den USA, um alte Lagerstätten oder Abraumhalden kostengünstig zur Kupfergewinnung aufzuarbeiten.

Eigenschaften

Schon im Altertum waren die wichtigsten Eigenschaften des Metalles bekannt: die Verformbarkeit und Verfestigung durch Hämmern im kalten Zustand, die Schmelz- und Gießbarkeit bei höheren Temperaturen, die Reduktion oxidischer Kupfererze mittels Kohle zum Metall und das Erschmelzen von Legierungen, die eine bessere Gießfähigkeit und eine höhere Festigkeit als Kupfer selbst aufweisen. Bronze als Legierung mit Zinn ist in der Indus-Kultur um 2800 vor Christus nachweisbar. Messing (mit Zink als Legierungsbestandteil) seit 1200 vor Christus wurde besonders im Zeitalter der römischen Kaiser hergestellt und erreicht in Deutschland um 150 nach Christus im Raum Aachen (Stollberg) eine Blütezeit. Das Metall in reiner Form zeigt eine rötliche Farbe, das *Kupferrot*. Kristalle in der Natur kommen in Form von Oktaedern und Würfeln vor. Reines Kupfer ist weich, zäh und dehnbar – mit einer hohen Leitfähigkeit für Strom und Wärme.

Kupfer gehört zu den relativ edlen Metallen. Es ist edler als Eisen, daher kann sich Kupfer aus einer Salzlösung auf einem Eisennagel niederschlagen. Dieses elektrochemische Verhalten wird – wie beschrieben – in der Raffination des Kupfers im technischen Maßstab genutzt. Der edle Charakter des Kupfers bedeutet weiterhin, daß Kupfer gegenüber Chemikalien ziemlich stabil ist: An trockener Luft wird Kupfer durch den Sauerstoff bei gewöhnlicher Temperatur nicht angegriffen, erst beim Erhitzen bildet sich eine oberflächliche Oxidschicht: Bei 120 °C treten zunächst *Anlauffarben* auf, bei höherer Temperatur bilden sich dann Schichten von rotem Kupfer(I)-oxid, dann von schwarzem Kupfer(II)-oxid. Der *Kupferhammerschlag*, der nach lang andauerndem Erhitzen entsteht, bildet ein Gemisch aus beiden Oxiden.

An feuchter Luft bildet sich unter Einwirkung saurer Bestandteile der Luft allmählich eine *Patina* – eine grüne Schicht aus basischen Sulfaten, Carbonaten, in Meeresnähe wegen des hohen Salzgehaltes auch von basischem Chlorid. Diese dünne Schicht bildet einen Schutz gegen den weiteren Angriff des Wassers, aber nicht gegen schwefelhaltige Stoffe wie das Schwefeldioxid in der Luft. Ähnlich wie die Patinaschicht sind viele Verbindungen des Kupfers blau oder grün gefärbt. Von vielen Säuren, wie Salz- oder Phosphorsäure, wird elementares Kupfer bei Abwesenheit von Sauerstoff nicht angegriffen, von oxidierenden Säuren wie der Salpetersäure wird das Metall dagegen in eine blaugrüne Lösung umgewandelt. *Grünspan* bildet sich dann, wenn Essigsäure und Luftsauerstoff Kupfer gemeinsam angreifen können. Werden wäßrige blaue oder grüne Lösungen von Kupfersalzen bis zur Trockene eingedampft, so bleiben keine gefärbten, sondern weiße Salze zurück – nur bei Anwesenheit von Wasser treten also die typischen Farben der Kupferverbindungen auf. Die meisten Kupfersalze sind gut in Wasser löslich – außer dem schwarzen Kupferoxid, dem ebenfalls schwarzen Kupfersulfid und auch den basischen Salzen (Grünspan, Patina). Kupfer bildet auch mit organischen Säuren wie Wein- und Citronensäure stabile *Komplexverbindungen* – im Unterschied zu den einfachen Salzen anorganischer Säuren. Saure Speisen können daher Kupfer aus Gefäßen herauslösen. In Ammoniak entsteht eine charakteristische tiefblaue Komplexverbindung, deren Farbe auch zum Nachweis des Kupfers genutzt wird.

Eine weitere wichtige Eigenschaft des elementaren Kupfers ist die eines Beschleunigers (*Katalysators*) chemischer Reaktionen. Das Kupfermetall vermag (wie auch Nickel) das Gas Wasserstoff aufzunehmen und dieses auf ungesättigte organische Verbindungen wie beispielsweise Fette mit ungesättigten Fettsäuren zu übertragen. Ohne die Mitwirkung der Metalle als Katalysatoren würde diese Reaktion mit Wasserstoff kaum meßbar langsam ablaufen – man spricht hier von einer *katalytischen Hydrierung*. Eine unerwünschte katalytische Eigenschaft besitzen die elektrisch geladenen Teilchen des Kupfers, die Kupfer-Ionen: Sie beschleunigen das Ranzigwerden von Fetten, d. h. die Umsetzung von ungesättigten Fettsäuren mit Sauerstoff (Fettoxidation).

Geschichtliches

Kupfer gehört neben Silber und Gold zu den kulturgeschichtlich ältesten Metallen. Die Anfänge eines Kupfer-Bergbaues lassen sich bis in das 8. Jahrtausend vor Christus zurückverfolgen. Am Südhang des Taurus in Anatolien wurde bereits damals gediegenes, in elementarer Form vorkommendes Kupfer zu Nadeln und Schabern geformt. Auch aus dem europäischen Raum sind Kupfergeräte aus den Zeiten unserer Vorgeschichte bekannt: Auf die Mitte des 7. Jahrtausends vor Christus werden Kupfergeräte, die in der Schweiz gefunden wurden, von den Archäologen datiert. Eine Gewinnung und Verarbeitung von Kupfer im Sinne einer Kupfermetallurgie beginnt aber erst im 5. Jahrtausend vor unserer Zeitrechnung. Bereits ein Jahrtausend später lernten uns Vorfahren Legierungen aus Kupfer und Zinn herzustellen: Als Bronze dient das Kupfer zur Herstellung von Waffen, Geräten, Münzen und Schmuckgegenständen bis in unsere Zeit. Schon in den ältesten Teilen der Bibel finden wir im Buch der Könige (1. Könige 7,13–47) Hinweise zum Metallreichtum des Königs Salomo:
»Und der König Salomo sandte hin und ließ holen Hiram von Tyrus. . . ; der war ein Kupferschmied, voll Weisheit, Verstand und Kunst in allerlei Kupferarbeit. Der kam zum König Salomo und machte ihm alle seine Werke. Er goß zwei Säulen aus Kupfer, jede achtzehn Ellen hoch, und eine Schnur von zwölf Ellen war das Maß um jede Säule herum. Und er machte zwei Knäufe, aus Kupfer gegossen, oben auf die Säulen zu setzen; jeder Knauf war fünf Ellen hoch. Und es war an jedem Knauf oben auf den Säulen Gitterwerk, sieben geflochtene Reifen wie Ketten. Und er machte an jedem Knauf zwei Reihen Granatäpfel ringsherum an dem Gitterwerk, mit denen der Knauf bedeckt wurde. Und die Knäufe oben auf den Säulen waren wie Lilien, jeder vier Ellen dick. Und es waren zweihundert Granatäpfel in den Reihen ringsum, oben und unten an dem Gitterwerk, das um die Rundung des Knaufs her ging an jedem Knauf auf beiden Säulen. Und er richtete die Säulen auf vor der Vorhalle des Tempels; . . .«
In der Umgebung von Eilath in Israel wurden in den sechziger Jahren im dadurch berühmt gewordenen Timna-Tal Kupferminen und Schmelzöfen von den Bibel-Archäologen in umfangreichen, systematischen Grabungen

freigelegt. Bei den Schmelzöfen handelt es sich um die ältesten bisher gefundenen Objekte für die Kupfergewinnung.
Der heutige Name des Metalles stammt von den Römern: Die Kupfervorkommen und -bergwerke auf Zypern gaben dem Metall den Namen »aes cyprium« und davon abgeleitet »cuprum«. Auch die Messing-Herstellung ist auf die Römer zurückzuführen, die Kupfer mit dem Zinkerz *Galmei* (s. Zink) aus den österreichischen Alpen zu legieren verstanden. In vielen alten Kulturen unserer Erde bis zu den geographisch abseits gelegenen Eskimos finden wir Waffen und Schmuck aus Kupfer.
In Deutschland existierte vor der Völkerwanderung (2. bis 8. Jahrhundert nach Christus) nur in sehr geringem Umfang ein Kupferbergbau, der in diesen unruhigen Zeiten außerdem weitgehend zerstört wurde. Erst im 10. Jahrhundert beginnt bei uns in Sachsen/Thüringen und im Harz eine umfangreichere Kupferförderung. Zu Beginn des 13. Jahrhunderts blüht vor allem der Mansfelder Kupfer-Bergbau in Thüringen, wo auch Luthers Vater als Bergmann tätig war. Der Beginn der Bronzezeit, als vorgeschichtliches Zeitalter vor der Eisenzeit, wird mit etwa 1800 Jahren vor Christus festgelegt. Als Nordische Bronzezeit werden die Jahrhunderte von 1500 bis 400 vor Christus in Norddeutschland, Dänemark und Schweden von den Historikern bezeichnet. Aus dieser Zeit stammen zahlreiche kunstvolle Waffen wie Schwerter, Lanzenspitzen, Helme und Schilde, Beile und Messer sowie Geräte wie Schalen und Ringe.
Die Archäologen haben bis heute viele Kupfergegenstände gefunden und analysiert. Sie stammen von den Ägyptern, den Etruskern, den Römern (von diesen auch besonders viele Münzen), den Griechen, aus Indien, China, Afrika und Südamerika. Viele dieser Gegenstände wurden mit modernen, meist zerstörungsfreien Methoden im Berliner Rathgen-Forschungslabor der Staatlichen Museen Preußischer Kulturbesitz analysiert. Im Mittelalter bestehen die Erzeugnisse des Kunsthandwerks – Kruzifixe, Taufbecken, Türgriffe – vorwiegend aus Messing mit Zinkgehalten zwischen 10 und 20 %. Recht konstante Zusammensetzungen aus Kupfer und Zink finden wir auch bei den zahlreichen Statuetten der Renaissance: 85 % Kupfer und 15 % Zink. Brunnen, Säulen, Geschütze, Apothekermörser und Glocken des 15. bis 17. Jahrhunderts bestehen aus Bronzen mit Zinngehalten zwischen etwa 4 und 20 %.
Kupfer wurde vor dem Eisen verhüttet: die erforderlichen Temperaturen für die Reduktion oxidischer Erze mit Kohle zu elementarem Kupfer liegen bei 700 bis 800 °C, sie können bereits in Töpferöfen erreicht werden und liegen somit um einige 100 °C niedriger als bei der Gewinnung von Eisen (s. Eisen).
In den orientalischen Hochkulturen finden wir die ältesten Stätten der Kupfergewinnung und -verarbeitung. Nach neueren Erkenntnissen haben

sich die Techniken der Gewinnung und Verarbeitung des Kupfers im mitteleuropäischen Raum trotz der damals regen Handelsbeziehungen zwischen den Ländern der Alten Welt davon unabhängig entwickelt. Die Metallurgie galt im Altertum als geheime Kunst. Das gleiche gilt auch für Amerika: Im Gebiet der Anden wurde etwa um 500 nach Christus Kupfer gegossen; um 1400 nach Christus beherrschten die Inkas auch die schwierige Gewinnung aus sulfidischen Erzen. Die Indianer Nordamerikas verstanden jedoch nur die Bearbeitung gediegenen Kupfers und nicht die Verhüttung mit Hilfe von Schmelztechniken. Im afrikanischen Kulturkreis (ausgenommen Nordafrika mit den Kontakten zu Europa) verarbeitete man zuerst Eisen, dann erst das Kupfer.

Nachdem in Mitteleuropa der Kupfererzbergbau seit dem 10. Jahrhundert zu blühen begann, erwarben die Fugger aus Augsburg um 1500 zahlreiche Bergwerke und Hütten in Spanien, Ungarn und in den Alpenländern; sie errichteten ein europäisches Kupfermonopol. Diese Führung Deutschlands im Kupferbergbau und in der -gewinnung ging um 1800 an England über, wo auch importiertes Erz verarbeitet wurde, und verlagerte sich schließlich über Chile und Kanada im 19. Jahrhundert in die USA.

Verwendung

Die technische Verwendung des Kupfers erstreckt sich von zahlreichen Geräten der Industrie wie Braukesseln, Heiz- und Kühlschlangen, Rohren der verschiedensten Art, über Dachverkleidungen, Tür- und Schiffsbeschläge, Kabel bis zu den Münzen, vom Einsatz in der Kunst für Statuen und Kupferstiche – bis zu Kupferverbindungen als Farbpigmente, Pflanzenschutz- und Holzschutzmittel.

Von den zahlreichen Kupferlegierungen haben vor allem *Messing* (Kupfer-Zink), *Bronze* (Kupfer-Zinn), auch zusammen mit Aluminium, Silicium, Beryllium, Blei oder Nickel, und *Neusilber* (Kupfer-Nickel-Zink) eine größere technische Bedeutung.

Kupfer ist das am häufigsten verwendete Nichteisen-Schwermetall, wegen seiner technisch günstigen Eigenschaften, nämlich der hohen elektrischen und thermischen Leitfähigkeit, der guten Verformbarkeit und Korrosionsbeständigkeit, der günstigen Legierungsmöglichkeiten und wegen seiner Farbigkeit, sowohl als Metall als vor allem auch in den Verbindungen.

Mehr als die Hälfte der Weltproduktion werden von der Elektrotechnik verbraucht – für Leitungen aller Art, für Kabel, Transformatoren bis zu elektronischen Schaltelementen. Für Legierungen werden weitere 40 % des

Kupfers eingesetzt, die vor allem im Maschinenbau Verwendung finden. Als weiterer, kleinerer Bereich ist die Herstellung von Haushaltsgeräten, kunstgewerblichen und sakralen Gegenständen, Münzen und Medaillen sowie von Geschoßmunition zu nennen. Im Hinblick auf die Entwicklungen in der Elektronik spielt auch die *Galvanotechnik*, d. h. die elektrolytische Abscheidung des Kupfers, eine wichtige Rolle. Wegen der hohen Kosten durch Kupfermaterialien wird das Metall durch korrisionsfeste Stähle, Aluminium in Leitungsdrähten und Glasfasern als Leitungskabel ersetzt.

Kupfersalze werden seit langem wegen ihrer wachstumshemmenden Wirkung gegen Pilze im Pflanzenschutz und als Holzschutzmittel eingesetzt. Gegen Pilze auf Weinreben (dem *falschen Mehltau*) spritzt man die Kupferkalkbrühe, eine blaue Aufschwemmung von basischen Kupferverbindungen. Die wasserunlöslichen basischen Salze gelangen auf die Pflanzenblätter, bleiben dort haften und können auch von Regen wegen ihrer Wasserunlöslichkeit kaum abgewaschen werden. Durch den Stoffwechsel der Pilze entstehen organische Säuren, die Spuren des Kupfers auflösen können, die in dieser löslichen Form dann auf die Pilze stark giftig wirkt. Solche Kupferbrühen werden auch gegen Krautfäule der Kartoffeln und gegen Blatterkrankungen von Gemüse- und Zierpflanzen wirksam. In den *Antifouling-Farben* für Schiffsanstriche verhindern Kupferverbindungen das Wachstum von Algen. In der Malerei stammen zahlreiche Namen von Farben von den entsprechenden Kupferverbindungen: *Malachitgrün* [$CuCO_3$ x $Cu(OH)_2$], *Kupferlasur* [2 $CuCO_3$ x $Cu(OH)_2$] mit blauer Farbe, *Schweinfurter Grün* (Kupfersalz von Essigsäure und arseniger Säure – als Kupferarsenbrühe früher im Weinbau), *Scheeles Grün* (Kupferarsenat), wovon die beiden letzteren wegen des Arsens giftig sind. Kupfercarbonat findet unter der Bezeichnung *Azurblau, Lasurblau, Bremer Blau* u. a. in Porzellanglasuren Verwendung. Kupferoxid dient zur Herstellung von *Kupferrubinglas* – die Blaufärbung von Glas war schon den Ägyptern bekannt.

Die Einsatzmöglichkeiten der verschiedensten Kupferverbindungen erstrekken sich bis in den veterinärmedizinischen Bereich, wo Kupfersulfat als Futtermittelzusatz gegen Kupfermangel bei Weidetieren und bei Haustieren als Brech- und Bandwurmmittel Anwendung findet.

Kupfer im Boden

Deutsche Freilandböden besitzen Kupfergehalte zwischen 10 und 94 g pro Hektar – entsprechend etwa 39 mg/kg. Dieses Kupfer in den Böden kann aus verschiedenen Quellen stammen: Durch die Verwitterung von Mineralien wird Kupfer in geringen Mengen in Wasser gelöst, innerhalb des Wasserkreislaufes weitertransportiert und von den Böden wieder zurückgehalten. Kupfer wird relativ fest in den Böden gebunden. Diese Eigenschaft läßt sich an den sehr niedrigen Konzentrationen in den Sickerwässern aus kupferhaltigen Böden mit nur 5 bis 50 µg/l nachweisen. Bergbau und Verwitterung sind die mengenmäßig wichtigsten Quellen der Freisetzung von Kupfer. Aber auch auf dem Wege der Verbrennung fossiler Energieträger, von Kohle und Öl, gelangen nach neueren Schätzungen über 2600 Tonnen pro Jahr über die Luft – als atmosphärische Metallemissionen – wieder auf die Erde der Bundesrepublik Deutschland, d. h. in Gewässer und auf die Böden, 13mal mehr als auf natürlichen Wegen wie durch Vulkane und hydrothermale Quellen.

Für ein Mittelgebirge in Niedersachsen, den Solling im Weserbergland, betrug der *Eintrag* an Kupfer über den Niederschlag in die Waldböden (gemessen in den Jahren 1974 bis 1977) etwa 300 g pro Hektar und Jahr. In den Böden kann Kupfer nicht nur in der Form der bereits vorgestellten basischen Salze, sondern auch an organische Stoffe, z. B. an Humusstoffe (Huminstoffe) gebunden, fixiert sein. Man spricht daher von einer geringen Mobilität des Kupfers. Auch aus Flußschlämmen, wie z. B. des Neckars, in denen sich mit der Zeit Metalle abgelagert haben, lassen sich nur wenige Prozent des gesamten Kupfers ohne einen drastischen Eingriff in Lösung bringen (beispielsweise durch konzentrierte Säuren). Diese geringe Mobilität reicht einerseits aus, Pflanzen mit den notwendigen Mengen dieses essentiellen Elementes zu versorgen. Sie verhindert auf der anderen Seite, daß die für Algen, Kleinpilze und Bakterien toxischen Konzentrationen unter natürlichen Bedingungen erreicht werden.

Norddeutsche Böden besitzen oft zu wenig Kupfer. Es tritt ein Kupfermangel auf, der bei Pflanzen zur *Heidemoor-Krankheit* führt. Solchen Böden muß daher Kupfer in Form von Salzen als spezielle Düngung zugeführt werden. In der Nähe von Kupfererzadern haben sich andererseits besondere Schwermetallpflanzen entwickelt: Algen, Flechten, Moose und Abarten einiger Blüten-Wildpflanzen wie der gemeinen Grasnelke haben sich den hohen Kupfergehalten angepaßt. Sie sind resistent geworden, eine Eigenschaft, die sie vererben können.

Kupfer im Wasser

Kupfer kommt in allen natürlichen Wässern nur in geringen Spuren vor: Meerwasser enthält im Durchschnitt weniger als ein Millionstel g/l (1 µg/l), die durchschnittlichen Konzentrationen in Oberflächenwässern liegen etwa um den Faktor zehn höher. Durch Messungen konnte für oxidische Erze festgestellt werden, daß sich aus ihnen bei pH 7 nur 64 µg/l und bei pH 8 sogar nur 6,4 µg/l Kupfer im umgebenden Wasser lösen lassen – die basischen Salze sind eben schwerlöslich. Je niedriger aber der pH-Wert sinkt, z. B. so niedrig wie in den sauren Wässern von Kupferbergwerken, um so mehr Kupfer kann bei gleichzeitiger Anwesenheit von Sauerstoff in Lösung gehen: Unter diesen Bedingungen werden Konzentrationen bis zu 1 mg/l erreicht, wie sie in Grubenwässern an der Sieg bei Hersdorf auch gemessen wurden.

Auf Algen und Pilze in Oberflächenwässern haben bereits Gehalte von 0,1 mg/l eine toxische Wirkung, zur Algenbekämpfung reichen daher 0,1 bis 0,5 mg/l aus. Werden 0,5 mg/l überschritten, so ist andererseits die biologische Abwasserreinigung bereits beeinträchtigt. Aus den Abwässern von Galvanikbetrieben können Kupfersalze als Verunreinigung in unsere Wässer gelangen, wo sie dann ein plötzliches Fischsterben zur Folge haben. Unser Trinkwasser sollte nach den Empfehlungen der Weltgesundheitsorganisation (WHO) nicht mehr als 50 µg/l enthalten, der Richtwert der Europäischen Gemeinschaft (EG) beträgt 100 µg/l. Sauerstoffreiche und aggressive Wässer (s. a. Calcium und Magnesium) können Kupfer in Wasserleitungssystemen korrodieren und herauslösen: Nach 16stündigem Stehen des Wassers in der Leitung – also über Nacht – soll die Kupferkonzentration bei der ersten Wasserentnahme 3 mg/l nicht überschreiten. 2 mg/l im Wasser machen sich schon unangenehm als metallischer Geschmack bemerkbar.

Kupfer in Pflanze, Tier und Mensch

Kupfer ist ein lebensnotwendiger *Mikronährstoff*, ein essentielles Element, für Pflanze, Tier und Mensch. Kupfer-Ionen besitzen also physiologische Wirkungen: Bei Pflanzen spielt Kupfer vor allem in der Photosynthese (s. a. Calcium und Magnesium) und bei Atmungsvorgängen, bei Tieren in der Steuerung von Oxidationsvorgängen über ganz spezielle Kupfer-Eiweiß-Verbindungen eine wesentliche Rolle. Diese Kupfer-Eiweiß-Verbindungen sind am Sauerstofftransport und als Katalysatoren an Reduktions- und Oxidationsvorgängen im Organismus beteiligt. Es lassen sich viele Vergleiche zwischen den physiologischen Wirkungen des Eisens (s. dort) und denen des Kupfers ziehen: So enthält der Blutfarbstoff der Weinbergschnecken und einiger niederer Meerestiere (Krebse) anstelle des Eisens das Element Kupfer – in einem daher blauen Blutfarbstoff, dem *Hämocyanin*. Ein ähnlicher Stoff in grünen Pflanzen, das *Plastocyanin*, fördert die Bildung des Blattgrüns.

Werden nun Weinreben gegen einen Pilzbefall mit einer Kupfersalzlösung gespritzt, so zeigen deren Blätter nach der Behandlung häufig ein besonders sattes, dunkles Grün. Die bereits erwähnte *Heidemoor-Krankheit*, die auf dem Mangel wasserlöslicher Kupferverbindungen in Moor-, aber auch Ton- und Lehmböden zurückzuführen ist, äußert sich daher auch in einer ungenügenden Bildung des Blattgrüns und damit in Wachstumsstörungen. Essentielle Wirkungen bei höheren, Giftwirkungen bei niederen Organismen sind die wesentlichen physiologischen Charakteristika dieses Metalles.

Schnittblumen beispielsweise halten sich in Kupfergefäßen länger als in Glasvasen, da vor allem die niederen Algen bereits durch Kupferspuren geschädigt werden. Aber auch die sehr kupferempfindlichen Algen scheinen Kupfer, wenn auch in äußerst geringen Spuren, zu benötigen, um optimal gedeihen zu können; die Spanne zur tödlichen Dosis ist hier jedoch besonders gering.

Tiere und Menschen vertragen Kupfer auch in verhältnismäßig großen Mengen. Ein Kupfermangel führt bei Haustieren zum verminderten Wachstum und zu Störungen im Knochenbau. Futtermitteln dürfen daher Kupfersalze als Zusatzstoffe (mit bestimmten Höchstgehalten) zugesetzt werden. Der Tagesbedarf von Rind und Schaf liegt bei etwa 50 bis 70 mg, der für Schaf und Schwein zwischen 10 und 20 mg. Die vom Menschen mit der Nahrung aufgenommene Kupfermenge (normalerweise bis zu 110 mg/pro Tag) wird nur zum Teil auch vom Körper resorbiert. Kupfer wird in bestimmten Organen wie vor allem der Leber und auch dem Gehirn, Herz, den Nieren und den Muskeln gespeichert. Gegen Überdosierungen ist der menschliche Körper relativ unempfindlich, chronische Gesundheitsschäden sind nicht bekannt. Werden durch die Nahrung, z. B. aus kupferhaltigen Gefäßen, größere Mengen an Kupfersalzen (etwa 0,2 bis 1 g) in den Magen aufgenommen, so kommt es zu einem sofortigen Erbrechen. Liegt der Verdacht einer Kupfervergiftung vor, so werden nach dem Erbrechen Milch und Mehlsuppen zur Bindung des übrigen Kupfers empfohlen. Im Blut des Menschen ist bereits 1938 neben dem Blutfarbstoff Hämoglobin eine Kupfer-Eiweißverbindung (*Hämocuprein*) nachgewiesen worden. Spezielle Kupfer-Eiweiß-Verbindungen dieser Art spielen auch eine Rolle bei der *Wilsonschen Krankheit*: Aus genetischen Gründen fehlt Menschen mit dieser Krankheit ein wichtiger Transport-Eiweißstoff, ein Transport-Protein, das Kupfer enthält (*Caeruloplasmin*) und transportiert. Dadurch kommt es zu einer erhöhten Ablagerung von Kupfer im Gehirn, in der Leber und in den Augen sowie auch in anderen Geweben, wodurch Schädigungen der betreffenden Gewebe hervorgerufen werden.

Der tägliche Kupferbedarf eines Erwachsenen beträgt etwa 2 mg resorbierbares Kupfer, wobei Kinder einen relativ (auf das Gewicht bezogenen) höheren Bedarf haben. Als Lebensmittel mit relativ hohen Kupfergehalten sind Bohnen, Leber, Ei, Roggen, Fisch und Kartoffeln mit 1 bis 2 mg/100 g zu nennen. Ein weiteres wichtiges Nahrungsmittel, die Milch, enthält dagegen sehr wenig Kupfer (etwa 0,2 mg/100 g, an Eiweißstoffe gebunden). Neugeborene können ihren Kupferbedarf in den ersten Monaten noch aus den Reserven in der Leber selbst decken.

Kupfer im Test

Das Kupfer-Teststäbchen enthält eine schwach gelb gefärbte Testzone. Das Stäbchen wird kurz in die zu untersuchende Lösung eingetaucht – die Testzone muß, wie bei allen Teststäbchen, voll von der Flüssigkeit benetzt werden. 30 Sekunden nachdem das Stäbchen aus der Flüssigkeit herausgenommen wurde, vergleicht man die Färbung der Zone mit der Farbskala im Buchvorsatz.
Es tritt eine mehr oder weniger intensive Purpurfärbung auf, wobei man Konzentrationsbereich zwischen 0 und 10, 10 und 30, 30 und 100 sowie 100 und 300 mg/l an Kupfer in der Lösung unterscheiden kann.
Das Kupfer-Teststäbchen eignet sich nicht nur für **kupferhaltige Lösungen**, man kann auch **Kupfermetalle** bzw. **-legierungen** direkt untersuchen: Dazu wird die Reaktionszone (der Papierstreifen) mit etwas Wasser (es kann Leitungswasser genommen werden) angefeuchtet und 15 bis 20 Sekunden auf die Oberfläche des Metallstückes, z. B. einer **Münze**, eines **Leitungsrohres** oder eines **Ziergegenstandes** im Haushalt gedrückt. Bereits sehr geringe Kupfermengen rufen schon eine Purpurfärbung hervor, besonders dann, wenn das Material bereits etwas angegriffen ist, also Patina angesetzt hat.
Weitere Anregungen zum Testen lassen sich aus den vorangegangenen Darstellungen entnehmen.
Einige Tips: Man schaue sich das Verhalten eines **Kupferpfennigs** in verschieden organischen Säuren, z. B. Essigsäure und Citronensäure an.
Man lege einen Kupferpfennig in verschiedene saure Lebensmittel – Wein, Apfelsaft oder auch Sauerkraut, das anschließend mit etwas Wasser ausgelaugt oder ausgepreßt wird. Man schaue sich an, wie sich die Löslichkeit des Kupfers (aus dem Kupferpfennig) beim Erwärmen einer Lebensmittelprobe ändert. Die Ergebnisse werden rasch deutlich machen, daß Kupfergeschirr zum Zubereiten saurer Speisen nicht geeignet ist und vor allem wegen der Vergiftungsgefahr auch nicht verwendet werden sollte.
Mit dem beschriebenen Teststäbchen lassen sich auch **Minerale** und **Gesteine** auf Kupfer untersuchen – entweder durch Aufdrücken eines feuchten

Stäbchens und durch Herstellen einer Lösung mit Hilfe einer Säure, z. B. aus Carbonaten des Kupfers. Hat man in einem der Versuche eine Kupferlösung mit relativ hohem Kupfergehalt hergestellt, so läßt sich das in Lösung befindliche Kupfer, die Kupfer-Ionen, an einem Eisennagel abscheiden. Man legt einen nicht verrosteten möglichst großen blanken Eisennagel in die Lösung und beobachtet zunächst, ob sich eine rotbraune Schicht des Kupfers bildet. Außerdem kann man gleichzeitig feststellen, ob sich dabei die Kupferkonzentration in der Lösung verringert. Kupfer ist ein edleres Metall als Eisen, es wird daher vom Ion zum metallischen Kupfer reduziert, wobei Eisen als das unedlere Metall in Lösung geht. Man bezeichnet diesen Vorgang als eine *elektrolytische Abscheidung* des Kupfers (s. a. unter Gewinnung).

14 Nickel

Vorkommen

Noch vor dem Kupfer steht Nickel auf Platz 22 der Häufigkeitsliste der chemischen Elemente in der Erdkruste mit einem Gehalt von schätzungsweise 0,015 %. Aus der Tatsache, daß Eisenmeteorite durchschnittlich 8 bis 9 % Nickel enthalten und aus der begründeten Annahme, daß deren Zusammensetzung derjenigen im Erdinnern ähnelt, nimmt man einen Anteil von 3 % am gesamten Erdball an. Nach diesen Schätzungen könnten riesige Mengen an Nickel, etwa 160 Billionen Tonnen, im Erdinnern vorhanden sein. An der uns zugänglichen Oberfläche der Erde kommt Nickel hauptsächlich an die Elemente Schwefel, Arsen, Antimon und Silicium (als Kieselsäure) gebunden vor. Solche Minerale heißen *Gelbnickelkies* (Millerit, Haarkies NiS), wie bereits erwähnt *Rotnickelkies* (Arsennickel, Kupfernickel NiAS), *Weißnickelkies* (NiAs$_2$), *Arsennickelglanz* (Gersdorffit NiAsS) oder *Antimonnickelkies* (Ullmannit NiSbS).

Für die technische Gewinnung des Nickels sind jedoch nicht diese charakteristischen Mineralien, sondern *Magnetkiese* (Eisensulfide der Zusammensetzung CuFeS$_2$ + NiS), die fast immer Nickel mit durchschnittlich etwa 3 % enthalten, und ein durch Verwitterung entstandenes Magnesiumnickelsilikat komplizierter Zusammensetzung [*Garnierit*, (MgNi)$_3$(Si$_2$O$_5$)(OH)$_4$] von größerer Bedeutung. *Rote Tiefseetone* sind ebenfalls nickelreich, auch die

beim Kupfer genannten *Manganknollen* enthalten etwa 1,3 % Nickel. Im gediegenen, elementaren Zustand finden wir, wie bereits erwähnt (s. a. Eisen) Nickel mit Eisen legiert in vielen Meteoriten.
In der Bergwerksproduktion führen Kanada, die Sowjetunion, Neukaledonien, Australien und Indonesien, in denen 1981 etwa insgesamt 70 % der Weltproduktion an Nickel gefördert wurden. Die größten Verbraucher nach der Metallstatistik sind die Sowjetunion, die USA, Japan und die Bundesrepublik Deutschland mit insgesamt 65 % des Weltverbrauchs. Die wichtigsten Lagerstätten befinden sich in Kanada, in Neukaledonien und auf Kuba.

Gewinnung

Die Art der Nickelgewinnung hängt eng mit der Zusammensetzung der Erze zusammen. Viele Teilschritte ähneln denen der Kupfergewinnung. Bei der Verarbeitung der *Magnetkiese*, die neben relativ wenig Nickel ja vor allem Eisen und auch Kupfer enthalten, wendet man zunächst das bereits beschriebene Röstverfahren (s. Kupfer) an. Ein großer Teil des lästigen Schwefels wird so entfernt, das hierbei anfallende Schwefeldioxid kann z. T. für die Schwefelsäuregewinnung weiter verarbeitet werden. Das nach diesem Röstvorgang vorliegende Gemisch aus Sulfiden und vor allem auch an Eisen(III)-oxid wird zusammen mit *Zuschlägen* wie Silikaten (Salzen der Kieselsäure) und Koks geschmolzen. Eisen wird dabei verschlackt (d. h. in Eisensilikat umgewandelt) und in dieser Form abgetrennt. Der schwerere Kupfer-Nickel-Rohstein (aus Nickel-, Kupfer- und auch noch etwas Eisensulfid) wird in *Konvertern* weiter verarbeitet (Eisen wird dabei erneut verschlackt), so daß schließlich der *Kupfer-Nickel-Feinstein* (mit 80 % Kupfer und Nickel sowie 20 % Schwefel) vorliegt.
Die Weiterverarbeitung dieses Kupfer-Nickel-Feinsteins kann zwei unterschiedliche Wege gehen: Verzichtet man auf eine Trennung von Kupfer und Nickel, dann röstet man unter Einblasen von Luft bei einer Temperatur von 1100 °C, wobei ein Gemisch der beiden Metalloxide entsteht, die sich schließlich wie auch Eisen und Kupfer mit Koks zu einer Kupfer-Nickel-Legierung (*Monelmetall*) mit durchschnittlich 70 % Nickel und 30 % Kupfer reduzieren lassen. Dabei laufen die beim Kupfer und auch Eisen beschriebenen Umsetzungen ab.
Die Trennung von Kupfer und Nickel erfordert eine erneute chemische Behandlung. Und zwar mit dem Natriumsalz des Schwefelwasserstoffs, dem Natriumsulfid. Nur das Kupfer bildet in der Schmelze ein leicht schmelzenden Sulfid, man erhält daher ein Schmelzgemisch aus zwei scharf getrennten

Zonen – Nickelsulfid befindet sich am Boden, darauf schwimmt das leicht schmelzende Kupfersulfid. Der Boden aus Nickelsulfid wird abgetrennt, wieder zum Oxid geröstet und dann mit Hilfe von Koks nun schließlich zum metallischen Nickel reduziert.

Eine wichtige Rolle in der Technologie des Nickels spielt ein Verfahren, das direkt vom Kupfer-Nickel-Feinstein ausgeht: Im *Mond-Verfahren* wird dieser noch schwefelhaltige Feinstein zuerst einmal bei 700 °C mit Sauerstoff *»totgeröstet«*, d. h. vollständig vom Schwefel befreit und damit in die Oxide umgewandelt. In 10 m hohen und 2 m weiten Türmen reduziert man anschließend das Nickeloxid mit Hilfe von Kohlenmonoxid bei nur 400 °C zum Nickel (s. a. Eisengewinnung):

NiO + CO → Ni + CO_2
Nickeloxid + Kohlenmonoxid → Nickel + Kohlendioxid

Im nächsten Verfahrensschritt erfolgt die eigentliche Reinigung in ähnlichen Türmen, die *Verflüchtiger* genannt werden: Das Rohmaterial wird bei jetzt nur noch 80 °C einem von unten aufsteigenden Kohlenmonoxidstrom entgegengeführt. Das Nickel bildet mit den Gasmolekülen des Kohlenmonoxids eine flüchtige Komplexverbindung, das *Nickeltetracarbonyl*, das als Gas vom Flugstaub, also von Verunreinigungen wie Eisenstaub, gereinigt werden kann. Diese Verbindung des Nickels (Kupfer läßt sich auf gleiche Weise umsetzen), das Nickeltetracarbonyl, besitzt die besondere Eigenschaft, daß sie sich bei höhen Temperaturen, nämlich etwa ab 180 °C wieder in die Ausgangsverbindungen zerlegen, zersetzen läßt, also in reines Nickel und in Kohlenmonoxid:

$Ni(CO)_4$ → Ni + 4 CO

Dieser Vorgang wird in erhitzten Zersetzungskammern durchgeführt, und man erhält nun nach diesem nach dem Entdecker MOND benannten Verfahren ein Metall von 99,9 %iger Reinheit in Form von Kügelchen. Das freigewordene Kohlenmonoxid läßt sich wieder in den Prozeß zurückführen. Auch auf dem bereits für Kupfer beschriebenen Wege aus Lösungen mit Hilfe des elektrischen Stromes, also auf *elektrolytischem Wege*, kann reines Nickel gewonnen werden. Mehr als 10 % der Weltproduktion an Nickel stammen heute aus Nickelabfällen und aus Altmetallen.

Eigenschaften

Der schwedische Chemiker CRONSTEDT, zugleich Hütten- und Bergbaufachmann (1722 bis 1765), untersuchte 1751 Kupfernickel aus einer schwedischen Cobaltmine. Er wollte das wegen der roten Farbe vermutete Kupfer aus einer Säurelösung des Erzes nach dem bekannten Abscheidungsverfahren mittels Eisen (s. Kupfer) gewinnen – jedoch ohne Erfolg. Das Erz, welches CRONSTEDT erhalten hatte, war bereits etwas verwittert und hatte grüne Kristalle gebildet. Er erhitzte diese Kristalle an der Luft, die sich daraufhin in das Metalloxid umwandelten. Anschließend erhitzte er das Metalloxid mit Kohle bei hoher Temperatur: Auf diese Weise erhielt er ein weißes, silberglänzendes neues Metall, das er nach dem Vorkommen im Kupfernikkel dann Nickel nannte.

Das reine Metall Nickel ist sehr widerstandsfähig gegen den Sauerstoff in der Luft, gegen Wasser; von Mineralsäuren wie Salz-, Schwefel- und Salpetersäure wird Nickel unter Bildung von grünen Salzen angegriffen und schließlich, vor allem bei höheren Temperaturen, aufgelöst.

Das Metall läßt sich ähnlich wie Eisen schmieden und schweißen, zu Blechen walzen und auch zu Drähten ziehen. Nickel ist – wenn auch in geringerem Maße – wie das Eisen magnetisch. Eine besondere Eigenschaft des Nickels, die wir bereits kennengelernt haben, besteht darin, daß es Kohlenmonoxid zu lösen vermag, wobei im entsprechenden Temperaturbereich dann eine flüchtige Tetracarbonylverbindung entsteht, die bis 43 °C als Flüssigkeit vorliegt. Feinverteiltes Nickel vermag außerdem große Mengen Wasserstoffgas aufzunehmen. Ähnlich wie das Kupfer kann Nickel wegen dieser Fähigkeit daher auch als Katalysator für chemische Reaktionen mit Wasserstoff genutzt werden.

Nickelsalze sind im Wasser mit grüner Farbe überwiegend gut löslich, die dort gebildeten Nickel-Ionen sind wie diejenigen des Kupfers in der Lage, auch mit organischen Stoffen komplexe farbige Verbindungen zu bilden. Solche Komplexverbindungen spielen im Kreislauf dieses Metalles in unserer Umwelt eine große Rolle.

Geschichtliches

Als neues Metall wurde Nickel erst im 18. Jahrhundert, nämlich 1751, durch den schwedischen Chemiker und Mineralogen Axel Fredrik CRONSTEDT entdeckt. Die Bezeichnung für dieses Element stammt jedoch aus dem Mittelalter: Das Wort Nickel oder Kupfernickel verwendeten die Bergleute in Sachsen für Erze, die zwar wie ein Kupfermineral aussahen, aus dem sich jedoch bei allen Bemühungen kein Kupfer gewinnen ließ – denn es enthielt das noch unbekannte Nickel und Arsen (*Rotnickelkies*). In der Bergmannsprache war Nickel ein Schimpfwort. Die Bergleute glaubten nämlich, daß dieser Rotnickelkies zwar Kupfer enthielte, ein böser Geist jedoch, der *Bergnickel*, dieses Mineral verzaubert hätte und sie nur deshalb kein Kupfer daraus gewinnen könnten. Das vor etwa 300 Jahren in der Nähe von Annaberg gefundene rötliche Erz, das Kupfernickel, wurde also als vom Nickel, einem Berggeist, verhextes Kupfer angesehen. Erst um 1800 waren die Chemiker in der Lage, Nickel in relativ reiner Form zu isolieren, seine Eigenschaften zu untersuchen und zahlreiche Ähnlichkeiten mit dem Eisen zu erkennen.

Die Verwendung dieses Elementes in Legierungen ist jedoch, auch ohne die Kenntnisse des Metalles, erheblich älter. Bereits die Chinesen kannten vor unserer Zeitrechnung Legierungen, die nach heutigen Analysen 41 % Kupfer, 19 % Nickel und 31 % Zink enthielten und als »*pai-thung*« bezeichnet wurden. Die berühmten Schwerter aus Damaskus, die Damaszenerklingen, verdanken ihre Härte einer Nickel-Eisen-Legierung, die unter Verwendung von nickelhaltigem meteoritischen Eisen gewonnen wurde.

Münzen aus Kupfer-Nickel-Legierungen (20 % Nickel, 77 % Kupfer, 1 % Cobalt, 1,5 % Eisen) sind den Archäologen aus vorgeschichtlicher Zeit etwa seit 200 vor Christus bekannt, sie wurden in Baktrien, Alt-Persien, nördlich des Hindukusch, gefunden. Kupfer-Nickel-Zink-Legierungen, das *Neusilber* (s. a. Kupfer) auch *Alpaka* genannt, kam in Form von verschiedenen Gebrauchsgegenständen im 18. Jahrhundert aus China zu uns, wo diese Legierung »*Packfong*« genannt wurde. Seit 1825 werden solche Legierungen in Deutschland, später in ganz Europa hergestellt. Sie werden *Deutsches Silber* oder *Nickelsilber* sowie *Neusilber* genannt. Kupfer-Nickel-Münzen wurden in den Vereinigten Staaten von Amerika ab 1857 geprägt (mit 12 % Nickel). Die deutschen Nickelmünzen vor dem Ersten Weltkrieg enthielten 25 % Nickel.

In den Jahren 1870 bis 1880 gelangen auch Legierungen des Nickels mit dem Eisen und damit die Herstellung von schmiedbarem Nickel. In der Zeit bis zum Ende des Ersten Weltkrieges fanden solche Legierungen vor allem zu militärischen Zwecken Verwendung: Die ersten nickelhaltigen Panzerplatten stammten aus Frankreich und England (1885). Die US-Kriegsmarine setzte Nickelstähle ab 1889 für ihre Kriegsschiffe ein. Nach dem Ersten Weltkrieg erbrachten intensive Forschungen zahlreiche nichtmilitärische, industrielle Anwendungsmöglichkeiten.

Verwendung

Eine breitere Verwendung findet Nickel erst im 19. Jahrhundert – aufgrund eines Preisausschreibens. Der »Berliner Verband zur Förderung des Gewerbefleißes« schrieb ein Preisausschreiben zur Herstellung einer preiswerten Legierung aus, die vor allem gegenüber Nahrungsmitteln beständig und außerdem in der Farbe dem Silber ähnlich sein sollte. 1823 wurde diese Aufgabe von einem Techniker namens E. A. GLEITNER in Form einer Kupfer-Nickel-Zink-Legierung in der Zusammensetzung 75, 18, 7 % gelöst, die der des chinesischen »*Packfong*« (s. Geschichtliches) entspricht. Legierungen ähnlicher Zusammensetzung kamen sehr schnell in Mode mit Namen wie *Alpaka, Neusilber, Kunstsilber, Chinasilber* und *Argentan*.
Der berühmte englische Naturforscher Michael FARADAY entwickelte kurze Zeit später (1843) ein noch heute wichtiges Verfahren, Gegenstände – vor allem aus Eisen, mit einer Nickelschicht zum Schutz gegen Korrosion zu überziehen – die Technik des *galvanischen Vernickelns*.
Heute wird der überwiegende Teil der Nickelproduktion zur Stahlveredelung und zur Herstellung von Legierungen mit Kupfer, Chrom, Eisen, Kobalt, Zink und Zinn verwendet. Die Palette der Gegenstände, die aus Nickel bestehen bzw. dieses Metall enthalten, reicht von Großbehältern in der Lebensmittelindustrie, Küchengeräten bis zu den Münzen. Seine stahlveredelnden Eigenschaften stehen hier im Vordergrund. Mit Mangan-, Aluminium-, Beryllium-, Molybdän-, Silicium- und anderen Zusätzen lassen sich ganz spezielle Eigenschaften der Legierungen erreichen. Deren Anwendungsbereich erstreckt sich von der Lebensmittelindustrie über Papier-, Haushaltswarenindustrie bis zu Ölraffinerien und zum Flugzeugbau. Hitzebeständige Nickellegierungen finden wir zum Beispiel in Gasturbinen von Flugzeugen und in Stahltriebwerken. Ein weiterer wichtiger Anwendungsbereich stellt die Elektrotechnik dar.
Weiterhin benötigt man Nickel für Nickel-Cadmium-Batterien, als Katalysator (zur Übertragung von Wasserstoff) in der Härtung von Speisefetten, zur Herstellung von Keramikwerkstoffen und auch in Form der gefärbten Salze als anorganische Pigmente für Fassadenanstriche und Lacke (als *Nickeltitangelb*), als Färbemittel für Glasuren und Email.

Nickel im Boden

Nickel wird, wie auch andere Metalle, auf geochemischem Wege, durch den Ausbruch von Gesteinsschmelzen (der Magma aus Vulkanen) aus dem

Erdinnern freigesetzt (*mobilisiert*). So finden wir relativ hohe Gehalte in solchen vulkanischen Gesteinen und in Geröllen mit durchschnittlich 40 mg/kg, d. h. 40 ppm. Infolge der Kohleverbrennung gelangen etwa 700 Tonnen pro Jahr über die Luft wieder auf die Erdoberfläche, durch die Ölverbrennung sind es etwa 30 Tonnen pro Jahr. Die umfangreichsten Meßdaten über die Herkunft von Schwermetallen aus der Luft, die *Niederschlagsdepositionen*, die beim sauren Regen (s. Wasserstoff) eine wichtige Rolle spielen, stammen aus einem Mittelgebirge an der Weser, dem Solling. Dort wurden in den Jahren 1974 bis 1977 im Mittel 19 g Nickel je Hektar und Jahr registriert, das sich auf Pflanzen, Bäumen und auf den Waldböden niedergeschlagen hat. Nickel wird in Form des Oxids oder von Salzen an atmosphärischen Partikeln festgehalten und über die Luftströmungen weiter transportiert. Hohe Gehalte in solchen Partikeln, man spricht von einer Anreicherung, wurden vor allem in den Städten der USA gemessen. Die Staubpartikel enthalten dort 12mal mehr Nickel als die Erdkruste im Durchschnitt. Man spricht daher von einer Anreicherung des Nickels im Staub der Luft.

Aufgrund dieser Vorgänge ist Nickel in der Biosphäre weit verbreitet. Im Boden befindet sich Nickel vor allem in den Kristallgittern von Eisen- und Aluminiumsilikaten, also den Salzen der Kieselsäure, deren Anteil an der Erdrinde mehr als Dreiviertel beträgt. Je höher jedoch der Kieselsäuregehalt im Boden ist, um so geringer werden die Nickelgehalte: Enthält der Boden bis zu 40 % Kieselsäure bzw. Silikate, betragen die Nickelgehalte bis etwa 1600 mg/kg, bei 80 % Silikate im Boden sinkt der Gehalt auf nur noch 3 mg/kg, die durchschnittlichen Gehalte im Boden liegen bei 50 mg/kg.

Die Sedimente im Bodensee wiesen etwa gleichhohe Nickelgehalte wie die Böden im Durchschnitt auf, in denjenigen des Rheins finden wir infolge der Industrieabwässer dreimal so hohe Konzentrationen: Nickel hat sich in den Flußsedimenten als Hydroxid, Carbonat oder Sulfid abgelagert.

Nickel im Wasser

In Wässern befindet sich Nickel nicht nur als Metallion aus den gut löslichen Salzen, sondern auch in fein verteilter Form (*kolloidal*) als schwerlösliches Sulfid, Hydroxid oder Carbonat, Verbindungen, die erst in die Sedimente gelangen (sich ablagern), wenn sie sich zu größeren Teilchen zusammengefunden haben.

Meerwasser enthält 0,5 bis 0,6 µg/l; natürliche, nicht verunreinigte Oberflächenwässer besitzen vergleichbare Konzentrationen, die in Rhein und Ruhr jedoch um den Faktor 10 bis 100 höhere Werte erreichen.

Nickel zeigt ähnlich wie das Schwermetall Kupfer in höheren Konzentrationen Giftwirkungen, die biologische Selbstreinigung von Gewässern ist ab 100 µg/l Nickel stark gestört. Die Mikroorganismen, welche organische Stoffe abbauen können, sind bei dieser Konzentration nicht mehr lebensfähig. Die meisten Pflanzen können keine höheren Gehalte als 0,5 bis 2 mg/l einer Bodenlösung ohne deutliche Schäden vertragen.
Auf der anderen Seite finden wir aber Pflanzen bzw. Pflanzenteile mit stark erhöhten Werten: Kiefer, Birke und auch Teesträucher vermögen in ihren Nadeln bzw. Blättern Nickel anzureichern (zu *akkumulieren*) – ohne eine Beeinträchtigung im Wachstum.

Nickel in Pflanze, Tier und Mensch

Neben die beschriebene natürliche Verbreitung des Nickels ist die *Mobilisierung* des Metalles durch die Tätigkeit des Menschen, zumindest in den stark industrialisierten Ländern, getreten. Seit fast 50 Jahren kennen wir nickelhaltige Geräte in Industrie und Haushalt, nickelhaltige Stähle wie *Nirosta* oder Legierungen wie das *Neusilber*. Nickel hat zunächst einmal physiologische Funktionen. Es wirkt aktivierend bei Verdauungsvorgängen und anderen biochemisch wichtigen Reaktionen im Körper, an denen *Enzyme* beteiligt sind. Auf der anderen Seite kann die Aktivität von Enzymen aber auch durch die Anwesenheit von Nickel gehemmt werden. Nickel gilt daher nicht als lebensnotwendiges Element für den Menschen, für einige Tierarten wie Hühner, Ratten und Schweine wurden jedoch solche lebensnotwendigen Wirkungen nachgewiesen.
Die Wirkungen des Nickels hängen vor allem von der Art der Aufnahme in den Körper ab. Nickel und seine Verbindungen können in der Regel nicht durch die unverletzte Haut aufgenommen werden. Trotzdem gibt es Fälle, deren Zahl in letzter Zeit zuzunehmen scheint, von Hautallergien, von Personen, die sehr empfindlich beim Tragen von Nickeluhrenbändern bzw. Nickelmodeschmuck reagieren. Wahrscheinlich ist der Körperschweiß dieser Personen so zusammengesetzt, daß er Spuren von Nickel zu lösen vermag. Die gelösten Nickelsalzspuren führen dann bei den betreffenden Personen zu Hautreizungen, zu *Allergien*. Bei Arbeitern in der Nickelindustrie kann ein ständiger Kontakt mit Nickelsalzen zu Hautekzemen führen. In Galvanisier-Betrieben oder bei der Herstellung von Nickelkatalysatoren wurden solche Erkrankungen beobachtet. Diese *Nickeldermatitis* verschwindet, wenn der Kontakt mit Nickelverbindungen aufhört.
Erheblich höhere Gefährdungen bestehen bei der Aufnahme des Nickels

über die Atemwege. *Nickelstäube* können das Nickelmetall oder Nickelsalze wie Nickelsulfid, -carbonat oder das Oxid enthalten. Bei dieser Aufnahme besteht die Gefahr von Krebserkrankungen; Lungen- und Nasennebenhöhlentumoren wurden verstärkt bei Arbeitern in der Nickelherstellung beobachtet. Die Meinungen über den Zusammenhang zwischen Nickelstäubchen und Krebs gehen jedoch in Expertenkreisen weit auseinander. Auf der einen Seite nimmt man einen Zeitraum von 3 bis 30 Jahren an, bis bei belasteten Personen eine Erkrankung auftreten kann. Andererseits wurden in neuerer Zeit keine Hinweise auf eine statistisch gesicherte Zunahme an Krebskrankheiten bei nickelbelasteten Arbeitern erhalten, was jedoch auf die Verbesserung der Arbeitsbedingungen zurückzuführen sein kann. Langfristige arbeitsmedizinische Untersuchungen lassen jedoch einen Zusammenhang zwischen dem Einatmen von Nickelverbindungen und Krebserkrankungen der Atmungsorgane als wahrscheinlich erscheinen. In England sind Lungen-, Nebenhöhlen- und Krebserkrankungen als Berufskrankheit anerkannt, nicht jedoch in der Bundesrepublik Deutschland. Je wasserlöslicher die Nickelverbindungen sind, um so geringer scheint deren *Cancerogenität* zu sein.

Eine weitere Aufnahmequelle stellt die Nahrung dar, da wegen der Verbreitung des Nickels in unserer Umwelt auf natürlichen und industriell bedingten Wegen *Kontaminationen* unserer Lebensmittel möglich sind. Die durchschnittliche Aufnahme pro Tag beträgt etwa 0,3 bis 0,6 mg. Anreicherungen wie bei anderen Schwermetallen (wie Blei, Quecksilber und Cadmium) sind für Nickel nicht festgestellt worden. 90 % der mit der Nahrung aufgenommenen Nickelmenge wird über den Darm wieder ausgeschieden, die restlichen 10 % finden sich im Urin wieder.

Als besonders giftig ist jedoch das in der Nickelproduktion entstehende *Nickeltetracarbonyl* anzusehen. Weil es leicht flüchtig ist, kann es auf dem Atemwege aufgenommen werden. Es treten akute Vergiftungserscheinungen wie Übelkeit, Schwindel, Kopfschmerz und Erbrechen auf. Schädigungen der Bronchien und des Gehirns können in extremen Fällen sogar zum Tod führen. Von allen bekannten Nickelverbindungen ist das Nickeltetracarbonyl die giftigste Substanz.

Für den Normalverbraucher bestehen jedoch bei diesem Metall kaum Gefahren einer Erkrankung. Die beschriebenen Hauterkrankungen sind auf eine insgesamt kleine Gruppe allergisch reagierender Menschen beschränkt. Gefahren in der Industrie konnten bei Kenntnis der Zusammenhänge durch Änderung in den Verfahren und durch hygienische Maßnahmen erheblich verringert oder sogar ausgeschaltet werden.

Nickel im Test

Aufgrund der chemischen Eigenschaften sind in unserer Umwelt nur sehr niedrige Konzentrationen an Nickel zu finden, die mit dem Testpapier nicht nachgewiesen werden können. Auch aus Böden läßt sich Nickel nur mit Hilfe von konzentrierten Säuren herauslösen.

Der Nickel-Test läßt sich (ohne die Hilfe einer gefährlichen Säure wie die Salpetersäure) nur dort anwenden, wo bereits Nickelsalze vorliegen und eine Konzentration von 10 mg/l überschritten wird.

Wenn nicht gerade **nickelhaltige Abwässer** oder **Galvanisierlösungen** zur Verfügung stehen, muß man die Spuren des Nickels schon suchen.

Für den Nachweis von Nickel in Lösungen bringt man einen Tropfen der zu untersuchenden Lösung auf das Testpapier. Liegt Nickel in größeren Konzentrationen vor, so erhält man einen roten Fleck, bei geringeren Konzentrationen, die jedoch über 10 mg/l liegen müssen, bildet sich ein roter Ring.

Den Spuren von Nickel kann man z. B. anhand von **Nickelmünzen**, die bereits etwas korrodiert sind, folgen. Da Nickelsalze überwiegend grün gefärbt sind, sollte man im übrigen mattsilberfarbige Gegenstände im Haushalt bzw. auch alte Münzen auf solche Verfärbungen prüfen. Wenn man die Oberfläche mit einem Tropfen Essigsäure befeuchtet, kann man das ebenfalls feuchte Testpapier auch auf den Gegenstand drücken. Es muß danach sofort auf eine Verfärbung geprüft werden, da sich Eisen nach einiger Zeit ebenfalls durch eine Braunfärbung bemerkbar macht.

15 Zink

Vorkommen

Aus etwa 0,012 % Zink besteht die äußerste, 16 km dicke Hülle unserer Erde. In der Häufigkeit ist Zink mit Nickel und Kupfer zu vergleichen.
Zinkblende (Zinksulfid, ZnS) ist das wichtigste Zinkmineral, das häufig mit Bleisulfid (*Galena*) zusammen vorkommt. Fast ebenso wichtig ist der am längsten bekannte *Zinkspat* oder *Galmei* (Zinkcarbonat, $ZnCO_3$). Ein weiteres Erz, *Zinkit* oder *Rotzinkerz* (Zinkoxid, ZnO), das fast ausschließlich in den USA im Staate New Jersey vorkommt, wird sogar gelegentlich als Edelstein geschliffen.

Zinkblende bildet undurchsichtige bis durchscheinende von schwarz über rot und grün bis gelb gefärbte Kristalle. Die Beimengungen aus Eisensulfid, Cadmiumsulfid und auch anderen Sulfiden ergeben diese Färbungen. Die größten Lagerstätten befinden sich in den USA, in Kanada, in Polen, Belgien und Nordafrika.

Zinkspat (heute als *Smithsonit* bezeichnet) enthält ebenfalls häufig Beimengungen von Mangan und Eisen. Wichtige Fundorte sind Wiesloch/Baden, Oberschlesien, Bleiberg/Kärnten, Broken Hill/New South Wales (Australien) und Tsumeb/Namibia.

Bei uns werden oder wurden Zinkerze im Sauerland, im Harz, im Bergischen Land und in der Umgebung von Aachen gefördert.

Zink ist ein ziemlich unedles Metall, es kommt daher ausschließlich in Verbindungen und auch meist gemeinsam mit anderen Metallen wie Blei, Eisen und Cadmium vor. Auch die meisten Böden enthalten Spuren von Zink.

In der Bergwerksproduktion führen Kanada, die Sowjetunion, Australien, Peru und die USA. Die Bundesrepublik Deutschland fördert etwa ein Zehntel im Vergleich zum Spitzenführer Kanada – 1981 waren es 110 700 Tonnen gegenüber 1,096 Millionen Tonnen in Kanada.

Die Welthüttenproduktion wird für 1981 mit 6,195 Millionen Tonnen angegeben (Bundesrepublik Deutschland davon 366 000 Tonnen). Der Weltverbrauch an Zink belief sich 1981 auf 6,027 Millionen Tonnen (davon die Bundesrepublik Deutschland mit 373 000 Tonnen). Aus Alt- und Abfallmaterial wurden 1981 bereits insgesamt 159 000 Tonnen gegenüber 144 000 Tonnen 1980 an Zink zurückgewonnen.

Gewinnung

Für die Metallgewinnung sind als Verbindungen Zinksulfid, Zinkcarbonat und auch einige Silikate wichtig. Auf dem trockenem, älteren Wege werden die Erze zunächst geröstet, um sie in das Zinkoxid zu überführen:

$$2\,ZnS + 6\,O_2 \rightarrow 2\,ZnO + 2\,SO_2$$

Aus der Zinkblende wird beim Erhitzen mit Sauerstoff das Zinkoxid, Schwefeldioxid entweicht als Gas.

An das Rösten schließt sich die Reduktion zum Metall mit Hilfe von Kohle bei 1200 bis 1400 °C in Öfen aus Schamotte unter Luftabschluß an:

$$ZnO + C \rightarrow Zn + CO$$

Der Kohlenstoff bindet den Sauerstoff zum Kohlenmonoxid und reduziert somit das Zinkoxid zum elementaren Zink.
Zink siedet jedoch bereits bei 907 °C. Es entsteht also bei der erforderlichen Reduktionstemperatur Zinkdampf, der sich in kühleren Teilen (den *Vorlagen*) als feinpulveriger, grauer Staub niederschlägt. Dieser Staub enthält noch etwa 5 bis 15 % Zinkoxid, das man durch Zusammenschmelzen des elementaren Zinks bei 420 °C abtrennen kann.
Wegen seines niedrigen Siedepunktes läßt sich das Zink auch durch *Destillation* reinigen, denn Rohzink besteht erst zu 97 bis 98 % aus Zink, das umgeschmolzene Zink hat höchstens 99 % Zink. Nach der Destillation erhält man schließlich *Feinzink* mit einer Reinheit von 99,99 % – das »*Vierneuner*« *Zink*.
Die Zinkgewinnung ist wegen der Begleitstoffe in den Zinkmineralen durch die gleichzeitige Mitgewinnung wertvoller Metalle wie Kupfer, Cadmium, Cobalt (als Beispiele für die Freiberger Zinkblende in Sachsen) charakterisiert. Das gebildete Schwefeldioxid, das beim Röstvorgang entsteht, kann außerdem zur Schwefelsäuregewinnung eingesetzt werden.
Ein anderer Weg zum Zink führt von den Zinkerzen zunächst zu einer Lösung von Zinksulfat – das vorher gebildete Zinkoxid wird mit Schwefelsäure ausgelaugt, es wird als Sulfat gelöst. Dann erfolgt eine *Elektrolyse* mit Hilfe des Stroms, wobei die dafür erforderlichen Elektroden aus Aluminium und Blei bestehen. An der Aluminium-Elektrode (*Kathode*) scheidet sich das Zink ab, an der Blei-Elektrode (*Anode*) bildet sich Bleisulfat.
Auch im festen Zustand läßt sich aus Zinkoxid – auf *elektrothermischem Wege* – Zink durch Reduktion mit Hilfe des Stromes gewinnen. Nach einem speziellen Destillationsverfahren im Vakuum, das sich daran anschließt, kann *Feinstzink* mit einer Reinheit von 99,999 % – das »*Fünfneuner*« Zink – gewonnen werden.

Eigenschaften

Reines Zink ist ein weißes, glänzendes Metall mit einem bläulichen Schimmer, das an feuchter Luft zu einem zementartig grauen Farbton anläuft: Bei dieser Veränderung der Oberfläche bildet sich eine basische Carbonatschicht (der Zusammensetzung $4\,ZnO/CO_2/4\,H_2O$), die in Wasser nicht löslich ist und daher das Metall selbst vor einer weiteren Zerstörung schützt. Man nennt diesen Vorgang daher auch eine *Passivierung*.
Bei Raumtemperatur ist Zink spröde, es läßt sich kaum bearbeiten. Ab 150 °C wird es weich, dehnbar und gut verformbar, so daß bei dieser

Temperatur Bleche ausgewalzt und Drähte aus Zink gezogen werden können. Überschreitet die Temperatur 200 °C, so wird das Metall wieder spröde, es kann zu Pulver vermahlen werden. Bei weiterem Erhitzen findet ab 225 °C eine Oxidation statt. Steigt die Temperatur über 900 °C, so verbrennt Zink in Anwesenheit von Sauerstoff mit bläulicher Flamme unter Bildung von weißem Rauch zu Zinkoxid. Der Siedepunkt des Zinks liegt ebenfalls bei dieser Temperatur – nämlich bei 907 °C. Destillierbar ist Zink nur unter Ausschluß von Sauerstoff.

Mit einer Dichte von 7,13 g/cm^3 gehört Zink zu den Schwermetallen (als Grenze zu den Leichtmetallen gilt eine Dichte von maximal 5 g/cm^3). Die elektrische Leitfähigkeit beträgt mehr als ein Viertel von der des am besten den Strom leitenden Metalles Silber. Nach Silber, Kupfer, Gold und Aluminium ist Zink der fünftbeste Elektrizitätsleiter.

In seinen chemischen Eigenschaften und Reaktionen zeigt Zink eine deutliche Ähnlichkeit zum Magnesium (s. dort). Es ist jedoch edler als die Erdalkalimetalle. Wegen der Schutzschichtbildung – der Bildung einer Passivierungsschicht – führt eine Verzinkung des an sich edleren Eisens zu einer erhöhten Korrosionsbeständigkeit. Jedoch wird diese Passivierungsschicht durch Säuren und Laugen schnell wieder aufgelöst. Diese Säuren greifen außerdem nach dem Lösen der Schicht auch das reine Metall an und lösen es unter Bildung von Wasserstoff und Zinksalzen. Auch heißer Dampf oder heißes Wasser greifen Zink an, so daß Gefäße aus Zink nicht mit Wasser über 70 °C längere Zeit in Kontakt kommen sollten.

Ein nur für einige Metalle zu beobachtendes spezielles Verhalten des Zinks besteht darin, daß es sich nicht nur in Säuren, sondern auch in Laugen löst: Man nennt diese Eigenschaft eines Elementes ein *amphoteres* (zwitterhaftes) Verhalten. In Laugen bilden sich *Zinkate*, Anionen mit der Zusammensetzung $Zn(OH)_3^-$.

Auch organische Säuren (wie sie in Bier, Wein, Obst und Salaten vorkommen) vermögen größere Zinkmengen zu lösen.

Das Zinksalz der Salzsäure, also das Zinkchlorid, besitzt besonders bemerkenswerte Eigenschaften: Es löst sich sehr gut in Wasser, daher verhält sich das reine, farblose Salz auch stark wasseranziehend (*hygroskopisch*). Zinkchlorid-Lösungen können einige Zellulosearten sowie Naturfasern wie auch Papier auflösen. Weiterhin lösen sich auch Metalloxide in einer wässerigen, stark sauer reagierenden Zinkchloridlösung, wovon man bei der Verwendung als *Lötwasser* Gebrauch macht.

Geschichtliches

Zink wurde bereits in Legierungen verarbeitet, bevor man dieses Element selbst kannte oder gar rein herzustellen vermochte. Aus der Mitte des 3. Jahrtausends vor Christus stammen Kupferfunde aus Babylonien, in denen Zink und Zinn als Legierungsbestandteile enthalten sind. Auch in Palästina wurden etwa 3000 Jahre alte zinkhaltige Bronzegegenstände gefunden. Der griechische Naturphilosoph ARISTOTELES (384 bis 322 vor Christus) erwähnt in seinen Werken die Verwendung zinkhaltiger Kupferlegierungen. Aus den Trümmern der 79 nach Christus verschütteten Stadt Pompeji am Vesuv hat man zinkhaltige Schmuck- und Gebrauchsgegenstände freigelegt. Für die Messing-Herstellung (s. a. Kupfer) wurden von den Griechen und Römern offensichtlich das damals bekannte Erz *Galmei* (Zinkspat = Zinkcarbonat) eingesetzt.

Das Metall selbst wurde jedoch erst im 6. Jahrhundert nach Christus in Persien gewonnen. Von dort gelangten die Kenntnisse der Zinkverhüttung nach Indien und China. Um 600 wird aus China über die Verwendung von Zink zur Herstellung von Münzen und Spiegeln berichtet. Wegen der besonderen Schwierigkeiten bei der Verhüttung (Arbeiten unter Luftausschluß erforderlich, Reaktionstemperatur liegt höher als der Siedepunkt des Metalles!) wurde in China jedoch erst in der ersten Hälfte des 17. Jahrhunderts Zink durch Erhitzen von Kohle und Zinkerzen in luftdichten, verschlossenen Gefäßen gewonnen.

Von dort gelangte das Zinkmetall nach Europa. Der Chemiker LIBAVIUS (1545 bis 1616) erhielt 1595 eine chinesische Zinkprobe auf dem Wege über Holland. Schriftliche Nachrichten finden wir über das Zink auch bei PARACELSUS (1493 bis 1541) und bei Georg AGRICOLA (1494 bis 1555). LIBAVIUS nannte Zink in seinen berühmten, heute wieder nachgedruckten Schriften als achtes Metall zu den bereits im Altertum bekannten Metallen Kupfer, Gold, Silber, Blei, Zinn, Eisen und Quecksilber.

1746 stellte der Berliner Chemiker MARGGRAF (der Entdecker des Zuckers in Rüben – 1709 bis 1782) beim Erhitzen von Zinkoxid und Kohle unter Luftabschluß Zink im Laboratorium her.

Vom Zufallsprodukt Zink bei der Verhüttung von Erzen wie Kupfer (zu Messing) entwickelte sich nun eine Zinktechnologie, die durch z. B. Einrichtungen zur Kondensation des leichtflüchtigen, niedrig siedenden Zinks auch zu höheren Ausbeuten führte. Für das Jahr 1808 ist die erste schlesische Zinkhütte nachweisbar. Gleichzeitig begann die Gewinnung von Zink auch im Harz und im Rheinland.

Bis ins 19. Jahrhundert wurde das Metall Zink als »*der Zink*« bezeichnet. Der Sprachforscher GOTTSCHED ordnete »*den Zink*« in seiner Sprachkunde von

1748 in bezug auf das Geschlecht neben »*den Tomback*« und »*den Stahl*«. Mundarten und Schriftsprache kennen im 19. Jahrhundert aber nur noch *das* Zink.
Die zackenartige Form des Erzes *Galmei* in den Alpenländern hat dort wahrscheinlich zu der Namensgebung geführt. Nach dem GRIMMschen Wörterbuch hat PARACELSUS die metallische Natur des Zinks erkannt und ihm den Namen gegeben. PARACELSUS schreibt in seiner 1538 erschienenen Chronik des Landes Kärnten: »*das erz zincken, der weiter in Europa nit gefunden wird, ein gar frembdes metall, sonderlich seltsamer denn andere.*«

Verwendung

Zink ist in unserer unmittelbaren, alltäglichen Umwelt weit verbreitet: Wir finden es in Form von Blechen, Rohren, Drähten, als Bestandteil verzinkter anderer Metalle (vor allem des Eisens), als Legierungsbestandteil von Messing, Neusilber und anderer Legierungen (s. a. unter Kupfer), in Batterien als Elektrode. Die Herstellung von Druckplatten sowie der Einsatz im Bereich der Anstrichfarben, wo Zinkstaub wie beim verzinkten Eisen eine korrosionsschützende Wirkung ausübt, sind weitere Einsatzbereiche dieses Metalles. Zur Verzinkung und Herstellung von Messing sowie anderen Zinklegierungen werden in der Bundesrepublik Deutschland mehr als Dreiviertel des gesamten Zinks verbraucht. *Zinkweiß*, ein Pigment aus Zinkoxid für die Glas-, Email- und Keramikindustrie, und andere Zinkverbindungen haben nur einen Anteil von 1 bis 2 % am Zinkverbrauch.
Unter den sechs wichtigsten Nichteisenmetallen, nämlich Aluminium, Blei, Kupfer, Nickel, Zink und Zinn, nimmt Zink nach Aluminium und Kupfer heute in der Welthüttenproduktion den dritten Platz ein. Von 3,7 Millionen Tonnen im Jahre 1957 stieg die Welthüttenproduktion über 5,83 Millionen Tonnen im Jahre 1975 auf 6,195 Millionen Tonnen im Jahr 1981. Der Bedarf wurde jedoch 1975 sogar auf 8,4 Millionen Tonnen für das Jahr 1980 geschätzt. In der Bundesrepublik Deutschland stieg der Verbrauch von 295 000 Tonnen im Jahre 1975 auf 373 000 Tonnen im Jahre 1981, eine am Weltverbrauch gemessene überproportionale Steigerung.

Zink im Boden

Noch im Jahre 1970 betrug der Ausstoß an staubförmigem Zink allein in Nordrhein-Westfalen etwa 160 Tonnen – gleichzeitig mit 60 Tonnen Blei –

bei einer Produktion von 180 000 Tonnen Zink in der Hüttengewinnung. Im letzten Jahrzehnt konnten durch verbesserte Entstaubungsanlagen diese Emissionen aus der industriellen Produktion erheblich gesenkt werden. Die *atmosphärischen Zink-Emissionen*, die sich schließlich wieder auf der Erde ablagern, werden nach neuesten Berechnungen mit weltweit 8400 Tonnen pro Jahr aus der Verbrennung von Kohle und Öl, auf 30 000 Tonnen dagegen zusätzlich aus der Zementproduktion geschätzt.

Die Zinkgehalte in natürlichen Gesteinen liegen zwischen 15 (Carbonatgesteine wie Kalk) und 130 mg/kg (Tongesteine) – Braunkohle enthält etwa 10 und Steinkohle zwischen 60 und 90 mg/kg an Zink. Die Zahlen für die Emissionen der Kohlekraftwerke lauten für das Jahr 1980 in der Bundesrepublik Deutschland bei Verbrennung von trockener Braun- und Steinkohle insgesamt 30 und flüssiger Steinkohle 420 Tonnen. Entsprechend dieser Emissionswerte gelangt Zink und natürlich auch andere Metalle in den Stäuben (wie Cadmium, Blei) auf die Böden. Unbelastete Böden weisen jedoch bereits 10 bis 300 mg/kg an Zink auf, weshalb die Zink-Emissionen im Unterschied zu anderen Elementen keine schwerwiegenden Umweltprobleme hervorrufen.

Zink gehört zu den lebensnotwendigen (*essentiellen*) Spurenelementen, die für ein optimales Wachstum zahlreicher Pflanzen und auch von Mikroorganismen erforderlich sind. Das Wachstum von Schimmelpilzen wird nachweislich durch geringe Zinkmengen gefördert, auch die Farbstoffbildung einiger niedriger Pilzarten wird vom Zink beeinflußt. Spezielle Pflanzenkrankheiten wie Zwergwuchs und auch Störungen in der Chlorophyllbildung lassen sich durch geringe Zinkgaben zu den Düngern beseitigen.

Im Boden wird Zink, dessen Salze ja überwiegend gut wasserlöslich sind, an Tonminerale vorzugsweise gebunden (*adsorbiert*), so daß es nicht allzu rasch ausgewaschen werden kann. Auf der anderen Seite wird das Mikrobenwachstum bereits bei Konzentrationen von 5 mg/l in der Bodenlösung gehemmt. Die Auswaschung von Zink ist im alkalischen und schwach sauren Bereich (s. a. unter Wasserstoff) am geringsten, weil das relativ schwerlösliche Oxid, Hydroxid oder auch Phosphat vorliegt. Bei einer Versauerung des Bodens wird dieses essentielle Spurenelement dann zunehmend ausgewaschen.

Zink im Wasser

Die Löslichkeit des Zinks ist entscheidend vom pH-Wert des Wassers abhängig. Das Zinkhydroxid löst sich bei pH 8, eine Einheit über dem Neutralpunkt, nur zu 0,65 mg/l. Am Neutralpunkt pH 7 selbst geht bereits mehr als 1 mg/l Zink in das Wasser, wo es in Form von Zink-Ionen vorliegt. Die Konzentrationen in unseren Gewässern werden jedoch weniger von der *Löslichkeit* als von der *Verfügbarkeit* im Boden bzw. auch in Flußsedimenten bestimmt. Um den Neutralpunkt wird dieses Metall, bzw. werden dessen Ionen von Tonmineralen festgehalten. Bei einer Verringerung des pH-Wertes, im sauren Bereich der pH-Skala, gelangt jedoch Zink dann zunehmend in das Wasser – Zink gehört zu den recht *»mobilen«* Elementen auf unserer Erde.

Die natürlich bedingten Gehalte für Zink in Wässern liegen im Bereich von wenigen Tausendstel mg/l (im µg-Bereich bzw. ppb-Bereich). Quellwässer in der Nähe von Erzgängen (wie im Westharz) oder auch saure Grubenwässer (wie in den USA) weisen dagegen Mengen von 3 bis 100 mg/l auf. Außer auf Mikroorganismen kann Zink bei höheren Konzentrationen im mg (ppm)-Bereich auch auf Fische giftig bis tödlich wirken. Solche Vergiftungen mit der Folge eines Fischsterbens treten jedoch durch Zink nur sehr selten auf, z. B. nach der Einleitung ungeklärter Abwässer aus Galvanikbetrieben in ein natürliches Gewässer.

Zink in Pflanze, Tier und Mensch

Das Zink stellt auch für Tiere und für den Menschen ein lebensnotwendiges Element dar, wie wir für Pflanzen und Mikroorganismen im Abschnitt Boden bereits erfahren haben. Zinkatome sind als Bestandteile vieler *Biokatalysatoren*, der Enzyme, zu finden. Im Menschen sind besonders hohe Zinkgehalte in den Inselzellen der Bauchspeicheldrüsen vorhanden: Hier hat das Zink – wenigstens zum Teil – die Aufgabe, das Hormon *Insulin*, das an der Steuerung des Blutzuckerspiegels beteiligt ist, als wasserunlöslichen Insulin-Zink-Komplex zu speichern. Auch bei der Heilung von Wunden hat man eine förderliche Wirkung des Zinks beobachtet. Die Biochemiker vermuten, daß das Vitamin A als wesentlicher Faktor der Gewebsheilung nur in Gegenwart von Zink voll in Aktion treten kann.

Zink beeinflußt je nach Art der Organismen sehr unterschiedliche Stoffwechselvorgänge: In Mikroorganismen wirkt das Element beim Aufbau, bei der Biosynthese von Eiweißstoffen, mit. Bei Säugetieren und Vögeln führt ein Zinkmangel zu Wachstumsverzögerungen und auch zu Veränderungen in der Haut. Zink ist auch in der Netzhaut des Auges in größeren Mengen als in anderen Organen enthalten, so daß vermutlich ein Zusammenhang zwischen schlechtem Sehen in der Dämmerung und einem Zinkmangel als einem der Faktoren besteht. Ebenso werden eine Beeinträchtigung des Geschmacks-

sinnes und Appetitmangel mit zu geringen Zinkaufnahmen beim Menschen in Verbindung gebracht. Ganz allgemein spielt Zink eine Rolle sowohl im Eiweiß- als auch im Kohlenhydrat-Stoffwechsel von Pflanze, Tier und Mensch.
Zu hohe Zinkgehalte wirken auf der anderen Seite jedoch schädlich. Die Grenzen zur Giftwirkung werden mit 60 bis 400 mg/l je nach Organismus angegeben. Auf Bergbauhalden oder in der Umgebung von Zinkhütten hat sich im Laufe der Zeit eine Flora gebildet, deren Pflanzen hohe Zinkgehalte tolerieren. Neben bestimmten Gräsern finden wir die Zinkkresse (auch Erzblume genannt) und das Galmeiveilchen. Sie können während einer Vegetationsperiode dem Boden bis zu 25 kg an Zink pro Hektar Fläche entziehen.
Über die Böden gelangt Zink in Pflanzen und Tiere und damit in die Nahrung des Menschen. Hafer, Weizen, Erbsen, Leber und Rindfleisch sowie auch Milch und Fisch sind die Lebensmittel mit den höchsten Zinkgehalten. Der Tagesbedarf für den Menschen wird mit 15 bis 22 mg angegeben, Kinder und werdende bzw. stillende Mütter benötigen mehr, ältere Menschen dagegen nur etwa ein Fünftel dieser Menge. Bei Anwesenheit einer speziellen organischen Säure, der *Phytinsäure*, in den Lebensmitteln – vor allem im Getreide und in Ölsamen vorhanden –, kann Zink infolge der Bildung einer schwerlöslichen Verbindung nur unvollkommen im menschlichen Körper zurückgehalten (*resorbiert*) werden. Bei einseitiger Ernährung mit solchen Lebensmitteln werden nach längeren Zeiten die beschriebenen Mangelerscheinungen beobachtet.
Der Gesamtbestand an Zink im menschlichen Körper liegt zwischen 2 und 5 g. Im Körper besteht ein Gleichgewicht zwischen den Metallen Eisen, Kupfer, Cobalt und Zink. Wird Zink in zu hohen Mengen aufgenommen, so wird dieses Gleichgewicht gestört. Es kommt zu einem Eisen- und Kupfermangel, da offensichtlich Zink diese Metalle verdrängt.

Zink im Test

Mit dem Zink-Teststäbchen werden in Lösungen unter pH 4 auch andere Schwermetalle neben dem Zink erfaßt. In den im folgenden aufgeführten Beispielen ist die Zink-Konzentration in allen Fällen erheblich größer als die eventuell anderen Metalle wie Kupfer, Eisen usw.
Das Zink-Teststäbchen wird kurz in die zu untersuchende Lösung eingetaucht und danach die Färbung anhand der Farbskala im Buchvorsatz verglichen. Die orangerote Zone verfärbt sich je nach Zink-Konzentration

bis zu einem dunkelroten Farbton. Um Zink sicher erkennen zu können, sollte man ein mit destilliertem Wasser befeuchtetes, unbenutztes Stäbchen zum Vergleich heranziehen.
Mit diesem Teststäbchen lassen sich Zinkgehalt ab etwa 10 mg/l in den Bereichen 10 bis 40, 40 bis 100 und 100 bis 250 mg/l erkennen.
Als Testbeispiele seien die Kontrolle ausgelaufener **Zink-Batterien** (Taschenbatterien) sowie Untersuchungen zum Verhalten des **Zinks in Säuren**, in **sauren Getränken** und in **sauren Lebensmitteln** wie **Sauerkraut** genannt.
In allen Fällen müssen Lösungen vorliegen. Die ausgelaufene Batterie wird mit etwas Wasser (Leitungswasser einsetzbar) abgespült und darin der Test auf Zink durchgeführt.
Ein verzinktes Metall (z. B. Eisen) oder ein Stück **Zinkblech** selbst wird in eine saure Lösung gelegt – auch mit Hilfe von Salzlösungen kann man die Korrosion von Zink anhand des Zinks im Wasser näher untersuchen.
Bei den Lebensmitteln (Sauerkraut) muß nach der Reaktion mit Zink, als Beispiel für ein Zinkgefäß, ein Extrakt mit Wasser hergestellt werden, der gegebenenfalls noch durch ein Kaffeefilter filtriert wird.
Immer dann, wenn man auch Aussagen über Zinkmengen machen will, muß man die Menge der Probe messen (auswiegen bzw. das Volumen bestimmen) und auch das Volumen, in dem man den Zinktest durchführt. Aus der Multiplikation des Volumens der Testlösung mit der Konzentration (bzw. dem Konzentrationsbereich) ergibt sich die Zinkmenge, die man dann auf die eingesetzte Probe beziehen kann – z. B. nach der Extraktion aus einem Lebensmittel, dem man Wasser zugesetzt hat.
Zinkkorrosionen werden als weiße, in organischen Säuren (in der Wärme) lösliche Salze deutlich – diese Spuren sollte man auf zinkverdächtigen Materialien suchen.

16 Blei

Vorkommen

Blei ist in der Erdkruste seltener als Nickel. Das wichtigste Bleierz ist der *Bleiglanz* (Bleisulfid, PbS), weitere Erze sind *Weißbleierz* (Bleicarbonat), auch *Cerussit* genannt, und Bleisulfat als *Anglesit*.

Anglesit entsteht durch Oxidation von Bleiglanz, z. B. im Harz, im Erzgebirge oder auf der Insel Anglesy/England, woher der Name stammt. *Bleiglanzkristalle* zeigen meist schöne Würfel oder Oktaeder mit starkem Metallglanz. Wirtschaftlich wichtige Vorkommen sind z. B. im Siegerland, im Harz, in der Eifel, in Kärnten (Bleiberg, Raibl und Mies), in Polen (Tarnowitzer Gebiet), in Trepta/Jugoslawien, Laurion/Griechenland, Brokken Hill/Rhodesien und Leadville/Colorado, die heute jedoch nicht mehr alle in Betrieb sind. Bleiglanz enthält meist 0,01 bis zu 1 % Silber und tritt fast immer zusammen mit der *Zinkblende* auf.

Schöne Kristalle des Minerals *Cerussit* werden in Südwestafrika, auch im Harz, bei Bad Ems, im Buntsandstein von Mechenich (Eifel) sowie in den USA (Leadville/Colorado und Joplin/Missouri) gefunden. Der Name stammt aus dem Lateinischen von *cerussa* = weißes Blei.

In der Bergwerksproduktion (nach der Metallstatistik) führt weltweit die Sowjetunion, vor den USA, Australien, Kanada, Peru und der VR China. Die Weltproduktion betrug 3,475 Millionen Tonnen gegenüber 3,6 Millionen Tonnen im Jahre 1980, davon entfielen auf die Bundesrepublik Deutschland 29 000 Tonnen. Die Produktion von raffiniertem Blei, einschließlich der Rückgewinnung aus Altmaterial, belief sich 1981 auf weltweit 5,316 Millionen Tonnen mit den USA, der Sowjetunion und der Bundesrepublik Deutschland als führenden Ländern. Die Welt-Bleivorräte werden auf ca. 185 Millionen Tonnen geschätzt, wovon sich mehr als ein Drittel in den westlichen Industrieländern befinden.

Gewinnung

Die Gewinnung des Metalls geht vom wichtigsten Erz, dem *Bleiglanz*, aus. In der *Röstarbeit* (s. a. unter Eisen) erfolgt zunächst eine Umwandlung in das Bleioxid, wobei der Schwefel zum Schwefeldioxid oxidiert wird:

$2 PbS + 3 O_2 \rightarrow 2 PbO + 2 SO_2$

Das Bleioxid wird dann im zweiten Schritt mit Kohle oder auch mit überschüssigem Bleisulfid in großen Schachtöfen zum Metall reduziert:

$PbO + C \rightarrow Pb + CO$ bzw.

$2 PbO + PbS \rightarrow 3 Pb + SO_2$

Auch mit Kohlenmonoxid kann Bleioxid reduziert werden:

$PbO + CO \rightarrow Pb + CO_2$,

wobei anstelle des Kohlenmonoxids bei der Reduktion mit Kohle hier das Kohlendioxid gebildet wird.
Nach dieser Technologie entsteht das *Werkblei* mit einer Reinheit von 97 %. Als Verunreinigungen können noch die Metalle Kupfer, Arsen, Antimon, Silber und Gold anwesend sein. Diese Beimengungen lassen sich nach verschiedenen Verfahren Schritt für Schritt entfernen, durch Ausschmelzen und vorsichtiges Auskristallisieren, wobei Kupfer und Silber auch in technischem Maßstab gewonnen werden.
Hochreines Blei läßt sich schließlich auch auf dem für das Kupfer beschriebenem *elektrolytischen Wege* gewinnen. Hierbei können im gleichen Arbeitsgang die edlen Metalle abgetrennt werden.

Eigenschaften

Blei ist ein weiches, mit dem Messer zerschneidbares Schwermetall (Dichte 11,34 g/cm^3) und einem niedrigen Schmelzpunkt bei 327 °C. Mit Blei lassen sich wegen seiner Weichheit dunkle Striche auf Papier ziehen. An der Luft ist metallisches Blei nicht sehr beständig: Es bildet sich eine dünne, mattblau erscheinende Oxidschicht, die das Metall jedoch vor einem weiteren Angriff des Luftsauerstoffs schützt. Fein verteiltes Blei brennt sogar spontan an der Luft.
Von den verschiedenen anorganischen Säuren vermag nur die Salpetersäure das Metall aufzulösen. Phosphor-, Salz- und Schwefelsäure bilden auf der Oberfläche des Metalls sehr dünne Niederschläge der schwerlöslichen Bleisalze (Bleisulfat, -chlorid, bzw. -phosphat), die ein weiteres Eindringen der Säure verhindern. Organische Säuren, wie z. B. die Essigsäure, vermögen Bleiverbindungen wie das Bleioxid relativ leicht zu lösen. Das stark giftige Bleiacetat weist einen intensiv süßen Geschmack mit metallischem Nachgeschmack auf – es wird wegen des »*teuflischen*« Geschmacks auch *Bleizucker* genannt.
Sauerstoffreiches Wasser greift Blei nicht an, in Leitungsrohren mit kohlensäurehaltigem Wasser bildet sich zunächst eine Oxidschicht, die in ein basisches Carbonat übergeht. Von Laugen wie der Natronlauge wird Blei ebenso gut gelöst wie von Salpetersäure. Blei gehört daher, wie auch das Zink, zu den sich *amphoter* verhaltenden Elementen.

Geschichtliches

Die ältesten Funde aus Blei als Metall sind 7000 bis 8000 Jahre alt, sie stammen aus dem Iran bzw. Irak. Damit ist Blei eines der ältesten Gebrauchsmetalle, die Bleigewinnung erfolgte sehr wahrscheinlich noch vor der Kupferverhüttung. Diese frühe Entdeckung des Metalles Blei ist auf die Eigenschaften der Bleierze und des Bleimetalles selbst zurückzuführen: Blei schmilzt bereits bei 327 °C und kann schon bei den Temperaturen eines offenen Holzfeuers (weit unter 800 °C) aus den Erzen durch Reduktion mit Kohle gewonnen werden. Wahrscheinlich war die *Bleierde* (Bleicarbonat) das erste Mineral, aus dem das Metall gewonnen werden konnte.
In der Antike, von den Griechen um 550 vor Christus auf Zypern und Rhodos, von den Römern um die Zeitenwende in Italien, Spanien, Frankreich und Westdeutschland, wurde Blei für technische Erzeugnisse wie Wasserrohre, Anker, Gewichte und Senkblei verwendet. Bei HERODOT finden wir Angaben zur Befestigung von eisernen und bronzenen Klammern in steinernen Quadern durch Ausgießen der Öffnungen mit Blei. Besonders für Münzen, Gewichte, Siegelabdrücke und Schüsseln wurde Blei in der Antike verwendet. Aus Laurion, einer Hafenstadt an der Ostküste Attikas, stammte das Blei, das Heinrich SCHLIEMANN in den Gräbern von Mykene (datiert auf ca. 1500 vor Christus) gefunden hat. Diese laurischen Bergwerke, die auch Silber lieferten, haben trotz ihres frühen Förderbeginns um 3000 vor Christus erst recht spät für die Griechen selbst an wirtschaftlicher Bedeutung gewonnen. Andererseits finden wir auch Bleigegenstände in Ägypten, die aufgrund ihrer Beimengungen an anderen Metallen als laurisches Blei identifiziert wurden und aus der Zeit von 2175 bis 1300 vor Christus stammen. Die wichtigsten Bergwerke der Römer lagen in Sardinien, Spanien und England. Zu unserer Zeitrechnung gewannen vor allem Vorkommen in Kärnten, Slowenien, Norditalien und auch im Harz (Rammelsberg seit 968) an Bedeutung. Die Buchdrucker, die Waffenhersteller (für Kugeln) und die Kirchenbaumeister (für Bleidächer und Bleiverglasungen) sorgten für einen guten Absatz des Bleis.
Die Archäologen haben sich auch mit den Bleivergiftungen bei den Römern durch Bleibestimmungen in den Knochen beschäftigt. Besonders an Stellen, wo Bleigefäße oder bleiglasierte Keramik gefunden wurden, wiesen auch die Skelettknochen stark überhöhte Gehalte an Blei auf.
Der Name Blei stammt vom althochdeutschen *pliu* oder *plio*, woraus im mittelhochdeutschen das *bli(e)* wurde. Die Wurzel des Namens liegt im Indogermanischen, wo »bhlei« soviel wie »scheinen, leuchten, glänzen« bedeutet. Aus *pliu* wurde im Lateinischen *plumbum*, das englische *lead* entspricht unserem *Lot* – aus der westgermanischen Bezeichnung für einen

bearbeiteten Bleiklumpen. Blei und Lot haben sich in unserer Sprache zu getrennten Begriffen entwickelt, für das Metall selbst und für Gegenstände aus Blei wie *Senk-* und *Richtblei (Lot – lotrecht).*

Verwendung

Nach Eisen und Zink ist Blei das preisgünstigste Metall. Es wird heute selten in reiner Form, sondern meist in Legierungen zusammen mit anderen Metallen verwendet, z. B. in *Lagermetallen* (Bleibronzen) – für Maschinenteile, die einen sich drehenden oder schwingenden Teil aufnehmen, speziell auch als *»Bahnmetall«*, als zinnfreies Lagermetall, bei der Bundesbahn. Weiter ist die Anwendung des Bleis im Strahlenschutz gegen Röntgenstrahlen bekannt. Für Akkumulatoren und Kabelummantelungen wird Blei ebenso benötigt wie für das heute noch gebräuchliche Antiklopfmittel *Bleitetraethyl* in den Motorkraftstoffen.
Einige Bleisalze wie basisches Bleicarbonat (*Bleiweiß*), *Mennige* (Pb_2O_3) und Bleichromat (Gelb) werden bzw. wurden auch als Farbstoffe bzw. als Rostschutzmittel (Mennige) verwendet.
Die zusätzlich im Abschnitt Geschichtliches aufgeführten Anwendungen haben heute keine Bedeutung mehr. Auch unser Bleistift enthält kein Blei mehr. Dagegen wird der größte Teil des heute gewonnenen Bleis zur Zeit noch zur Herstellung von Bleiakkumulatoren und Bleitetraethyl verbraucht. Der gesamte Bleiverbrauch in der Bundesrepublik Deutschland betrug 1981 33 100 Tonnen, die Einfuhr von Rohblei 150 400 Tonnen. Die Bleierze kamen vor allem aus Schweden, Kanada, Irland und Marokko. Der Bleiverbrauch ist stark von der Konjunktur in der Automobilindustrie abhängig, allein 50 % des Bleis werden für Autobatterien verwendet. Davon wird heute jedoch fast die Hälfte des Bleis zurückgewonnen. Die zu erwartende Einführung bleifreien Benzins wird den Bleiverbrauch deutlich senken. Bei uns fördern nur noch drei Gruben (im Harz und im Sauerland) Bleierze.

Blei im Boden und in Schlämmen

Tonminerale und Eisenoxidhydrate halten das Blei im Boden fest. Außerdem liegt Blei in schwerlöslichen Verbindungen wie dem Bleisulfat oder -sulfid vor. In den Stoffkreislauf und damit auch in das Erdreich bzw. in Flußsedimente gelangt das Blei über Verbrennungsanlagen, Buntmetallhüt-

ten, Abfallstoffe, Rückstände aus Erzwäschen, durch den Bergbau und von Hüttenhalden. Kohle- und Abfallverbrennung machen jedoch nur einen sehr geringen Teil der Blei-Emissionen aus, die zu 58 % aus dem Benzinzusatz stammen.
Aus den zahlreichen Studien über die globale Verteilung des Bleis können wir die Abhängigkeiten von den vorherrschenden Windrichtungen, aber auch die Anstiege infolge industrieller Entwicklungen erkennen: Um 1750 mit dem Beginn einer verstärkten industriellen Bleiverhüttung und um 1940 mit dem Anstieg des Kraftfahrzeugverkehrs (mit *Bleitetraethyl* bzw. *Bleialkylse* im Treibstoff). Ein Verbot von Bleizusätzen im Kraftstoff würde somit eine wesentliche Verringerung der Umweltbelastung durch Blei bedeuten.
Die durchschnittlichen Gehalte von Blei in Gesteinen liegen zwischen 5 und 20 mg/kg, auch Kohle enthält 2 bis 40 mg/kg Blei. In mit Blei kontaminierten Böden können diese Werte bis auf 200 und in Klärschlämmen bis auf 3000 mg/kg ansteigen. In den Sedimenten des Neckars hat man vor einigen Jahren durchschnittlich 60 bis 70 mg/kg gefunden.
Im Unterschied zum Zink liegt das Blei in relativ schwerlöslichen Verbindungsformen vor, die sich nur mit *Königswasser* – einem Gemisch aus konzentrierter Salz- und Salpetersäure – in Lösung bringen (*aufschließen*) lassen. Blei ist in unserer Umwelt ein *sehr wenig mobiles* Metall. In Schlämmen aus Kläranlagen ist die Mobilität jedoch etwas größer, so daß mit der Düngung durch Klärschlämme bei hohen Bleigehalten auch bereits gefährliche Mengen in Lösung und damit in das Wasser und in die Pflanzen gelangen können.
Auf der anderen Seite wurde in den Sedimenten von Seen eine Umwandlung der schwerlöslichen Bleiverbindungen durch Mikroben wieder in organische Bleiverbindungen, nämlich in das dem *Bleitetraethyl* ähnliche *Bleitetramethyl* beobachtet, das als sehr flüchtige Verbindung wieder in die Luft gelangen kann.

Blei im Wasser

Wegen der in Böden und Gesteinen vorkommenden schwerlöslichen Bleiverbindungen finden wir im Grundwasser nur sehr geringe Gehalte von einigen µg/l (im *ppb-Bereich*). In der Nähe von Erzlagerstätten wie im Oberharz können die Konzentrationen jedoch bis in den mg-Bereich, um den Faktor 1000 ansteigen. Im Wasser liegt Blei nicht nur in Form von Ionen gelöst vor, sondern auch kleinste Teilchen des schwerlöslichen Bleicarbonats, des Bleioxids und des Bleisulfids lassen sich mit modernen Analysenmethoden nachweisen. Da sich das Blei-Ion leicht an andere Teilchen (s. a. im Boden) wie z. B. an das Eisenoxid anlagern (*adsorbiert*) kann, fällt Blei schließlich, wenn sich durch die Zusammenlagerung genügend große Teilchen gebildet haben, zusammen mit dem Eisen wieder aus und setzt sich im Fluß- oder Seesediment ab.

Unser Trinkwasser ist relativ gering durch Blei belastet: 1982 betrug die mittlere Konzentration nur 9µg/l, die gesetzlich in der Trinkwasserverordnung festgesetzte Höchstkonzentration beträgt 40µg/l. In älteren Häusern Berlins, die in der Zeit von 1900 bis 1914 Bleiwasserleitungsrohre erhalten hatten, wurde dieser Grenzwert in einigen Fällen deutlich überschritten, besonders dann, wenn das Wasser über Nacht in der Leitung gestanden hatte.

Bleihaltige Abwässer können aus der Herstellung von Bleipigmenten (*Mennige, Bleicarbonat, Bleiweiß*), von Akkumulatoren und aus galvanischen Betrieben stammen. Eine biologische Kläranlage wird bei einer Bleikonzentration von etwa 5 mg/l völlig unwirksam, da die Mikroorganismen nicht mehr lebensfähig sind.

Blei in Pflanze, Tier und Mensch

Blei gelangt über die Luft, vorwiegend aus den Autoabgasen, auch auf Pflanzen: Von den Pflanzen lassen sich diese Bleimengen (allgemein als *Depositionen* bezeichnet) weitgehend durch Waschen entfernen. Die bleihaltigen Staubteilchen werden dabei entfernt, nur etwa 10 bis 15 % des Bleis dringen in die für den Pflanzenstoffwechsel wichtigen Bereiche der Zellen bzw. bis in die Zellsäfte. Diese Tatsache können wir uns bei der Verarbeitung pflanzlicher Lebensmittel zunutze machen.

Analysen von Moosen in Schweden haben ergeben, daß die in Herbarien von 1860 bis 1875 vorhandenen Exemplare nur ein Viertel soviel Blei wie die Moose aus dem Jahr 1965 enthalten – ein weiterer Beweis für die bleiverbreitende Rolle der Autokraftstoffe.

Chronische Bleivergiftungen durch Blei im Trinkwasser sind kaum noch zu erwarten. In früheren Jahrhunderten, wie bei den Römern, sind chronische Vergiftungen durch die Koch- und Trinkgefäße mit bleihaltigen Glasuren und die Bleirohre nachgewiesen worden. Einige Historiker sind sogar der Meinung, daß diese chronische Vergiftung der römischen Führungsschicht mit zum Niedergang des römischen Imperiums beigetragen habe.

Durch die globale Verteilung des Bleis besteht aber auch heute noch eine – wenn auch geringe – Gefahr einer chronischen Vergiftung: Bleiverbindungen können nicht nur durch die Nahrung (einschließlich durch das Trinkwasser), sondern auch durch Inhalation aus der Luft (aus Aerosolen und Stäuben) und durch die Haut in den Körper gelangen. Noch Anfang der siebziger Jahre gehörten zu den besonders bleibelasteten Berufsgruppen aufgrund der Autoabgase Verkehrspolizisten, Straßenarbeiter und Müllwerker. Beschäftigte in bleiverarbeitenden Betrieben werden noch heute besonders intensiv arbeitsmedizinisch überwacht.

Während das Blei aus der Atemluft zu 100 % vom Körper aufgenommen wird, kann Blei aus der Nahrung im Darmtrakt nur zu 5 bis 15 % resorbiert werden. Das aufgenommene Blei wird überwiegend in den Knochen gespeichert oder aber im Blut an die roten Blutkörperchen gebunden. Die *Bleikrankheit* äußert sich daher in einer Zersetzung der roten Blutkörperchen (der *Anämie*), in ständiger Müdigkeit, Appetitlosigkeit, Muskelschmerzen bis zu Lähmungen, in Darm- und Magenkoliken und in der Bildung einer grauen Zone am Zahnfleisch (eines *Bleisaumes*). Die Schädigungen durch Blei betreffen insgesamt die Bildung der roten Blutkörperchen, die Muskulatur und das Nervensystem. Die durchschnittliche Aufnahme des Menschen beträgt im Mittelwert durch die Nahrung zur Zeit etwa 0,2 bis 0,3 mg/Tag – über die Atemluft etwa 0,1 mg/Tag. Die toxische Langzeitwirkung wird von der Weltgesundheitsorganisation (WHO) mit 2 mg/Tag angegeben.

Bei Tieren, vor allem bei Kühen, treten akute Bleivergiftungen nach dem Genuß der als Farbstoffe verwendeten Bleisalze *Bleiweiß* (in Ställen und für Mauern früher verwendet) und durch *Mennige* (Rostschutzfarbe an Eisenmasten und -gittern) auf.

Blei im Test

Das Testpapier *Plumbtesmo* eignet sich zum Nachweis von metallischem Blei und Bleiverbindungen auf Oberflächen und auch zum Nachweis höherer Konzentrationen in Lösungen.

Bei Anwesenheit des Elementes Blei verfärbt sich das Testpapier von Weiß nach Rosa bis Tiefviolett, je nach Konzentration des Bleis.

Zum Nachweis von metallischem Blei – z. B. in **»Blei-Zinn-Soldaten«, alten Wasserleitungsrohren** und anderen »schweren«, bleiverdächtigen Metallen – oder in **Schrotkugeln** usw. – wird die Oberfläche des zu untersuchenden Gegenstandes zunächst entfettet – z. B. mit Haushaltsspiritus oder auch Aceton. Dann preßt man das mit Wasser (auch Leitungswasser geeignet) angefeuchtete Testpapier gegen die zu prüfende Oberfläche. Liegt ein fast

reines Blei vor, so färbt sich das Papier sofort, geringere Mengen werden erst nach einigen Minuten angezeigt. Ist auch nach 15 Minuten keine Verfärbung feststellbar, so ist auf der Oberfläche des Gegenstandes kein Blei – auch nicht in Spuren – nachweisbar.
Spurengehalte in wäßrigen Lösungen lassen sich mit diesem Test jedoch nicht nachweisen. Die Analyse des Bleis in unserer Umwelt, aufgrund der beschriebenen Kontaminationsquellen – ist damit nicht möglich.
Das **Verhalten des Bleis**, z. B. gegenüber der Essigsäure, gegen Citronensäure oder saure Säfte und Wein läßt sich dagegen testen. In solchen Untersuchungen kann man z. B. eine Bleikugel den genannten Säuren oder Getränken aussetzen und in unterschiedlichen zeitlichen Abständen die Bleikonzentration in der Lösung feststellen.
Um niedrige Konzentrationen etwa ab 1 bis 2 mg/l nachweisen zu können, wird ein größerer Tropfen der Lösung auf einem Objektträger oder einer anderen sauberen Glasfläche eingedunstet. Auf die Auftropfstelle wird dann auf die vorher beschriebene Weise ein Testpapier aufgedrückt – also eine *Oberflächenanalyse* durchgeführt.
Bei Konzentrationen über 5 bis 10 mg/l kann man einen trockenen Streifen auch direkt in die zu untersuchende Lösung mit einem Ende eintauchen. Die Lösung steigt in dem saugfähigen Papier auf. Nach dem Aufsteigen der Lösung zeigt sich bei Anwesenheit von genügend Blei eine rote Zone dicht über der Flüssigkeitsoberfläche.
Bei allen Experimenten mit dem Schwermetall Blei, die zu Lösungen führen, sollte man immer die Giftigkeit dieses Metalles im Auge behalten. Ebenso sollte man vermeiden, durch mechanische Bearbeitung Stäube zu erzeugen, die über die Atemwege leicht in den Körper gelangen können.

Glossar

Chemische Grundbegriffe

Amphoter: Eigenschaft eines Stoffes, sich je nach Versuchsbedingungen entweder als *Säure* oder als *Base* verhalten zu können. Amphotere *Elemente* (wie die Metalle Aluminium und Zink) lösen sich sowohl in Säuren (verhalten sich damit als Basen) als auch in Basen.

Anion: Negativ geladene Atome oder Atomgruppen, die durch Aufnahme eines *Elektrons* entstanden sind. Anionen sind die Säurerest-Ionen, sie wandern in einem elektrischen Feld (in wässeriger Lösung) an den positiven Pol (die *Elektrode*), *Anode* genannt.

Anode: Positiver Pol einer Spannungsquelle, eine positiv geladene Elektrode, von der *Elektronen* angezogen werden.

Atome: Sind im wesentlichen aus Protonen (= positiv geladene Wasserstoff-Atome), Neutronen und Elektronen (negativ geladen) aufgebaut, wobei die Elektronen für chemischen Reaktionen am wichtigsten sind.

Base: Nach der noch heute gültigen ältesten Säure-Base-Theorie (von 1884) von S. Arrhenius (1859 bis 1927) ein Stoff, der in wässeriger Lösung Hydroxyl-Ionen (OH^--Ionen) durch *Dissoziation* abgeben kann.

Dissoziation: Eigenschaft von Stoffen (Säuren, Basen, Salze) im Wasser in Ionen gespalten zu werden. Es entstehen Wasserstoff-Ionen und Anionen (Säurerest-Ionen) aus Säuren, Kationen und Hydroxyl-Ionen aus Basen sowie Kationen und Anionen aus Salzen.

Elektroden: Pole einer Spannungsquelle.
Elektrische Leiter, die im Kontakt mit einer Lösung von Ionen stehen.

Elektrolyse: Gesamtheit der Vorgänge, die sich beim Hindurchfließen eines elektrischen Gleichstromes durch eine Lösung von *Ionen* nach dem Anlegen der Spannung an die *Elektroden* abspielen – in der Lösung und an den Elektroden.

Elektronen: Negativ geladene Elementarteilchen von Atomen, die sich nach Modellvorstellungen auf Bahnen um den Atomkern herum befinden, die bei chemischen Reaktionen von einem Atom oder einer Atomgruppe abgegeben oder aufgenommen werden (s. *Oxidation und Reduktion*).

Element (chemisches): Chemische Elemente bestehen aus einer Atomart. Ein Element unterscheidet sich von einem anderen durch die Zahl an Elektronen (und damit auch an Protonen im Kern), Isotope eines Elementes weisen eine unterschiedliche Zahl an Neutronen und somit unterschiedliche Massen auf.

Hydrolyse: Reaktionen von Stoffen mit Wasser. Die spezielle Reaktion von *Salzen* mit Wasser wird heute als Protolyse bezeichnet. Besteht ein Salz aus dem Kation einer starken (völlig dissoziierten) Base und dem Anion einer schwachen Säure (z. B. Essigsäure), so gibt das Wasser an das Säurerest-Ion (das Acetat-Ion) ein Wasserstoff-Ion ab, das zurückbleibende Hydroxyl-Ion verändert den *pH-Wert* der Lösung, sie reagiert alkalisch (basisch). Für Salze aus einer schwachen Base (wie Calciumhydroxid) und einer starken Säure (wie der Salzsäure) gilt der umgekehrte Vorgang.

Ionen: Positiv oder negativ geladene Atome oder Atomgruppen, die durch die Abgabe eines Elektrons (als Kation) oder die Aufnahme eines Elektrons (als Anion) in Lösungen vorliegen – vor allem im Wasser.

Ionenaustausch: Vorgang, bei dem *Ionen* aus einem festen Stoff gegen Ionen gleicher Ladung (positiv oder negativ) in einer Lösung ausgetauscht werden.

Katalysator: Stoff, der eine sonst langsame chemische Reaktion beschleunigt, ohne dabei verbraucht zu werden (Beispiele: Platin, Nickel, Kupfer).

Kathode: Negativer Pol einer Spannungsquelle, eine negativ geladene *Elektrode*, von der Kationen angezogen werden, die Elektronen abgeben kann.

Kationen: Positiv geladene Atome (Metallkationen) oder Atomgruppen, die durch Abgabe eines Elektrons (oder mehrerer) entstanden sind. Kationen bilden zusammen mit den Hydroxyl-Ionen die *Basen*, Anionen wandern im elektrischen Feld (in wässeriger Lösung) an den negativen Pol, die *Kathode*.

Kristallwasser: Wassermoleküle, die sich zusammen mit Salzen (aus Kation und Anion) in einem Kristall befinden. Die Kristallform von Salzen wird durch sie entscheidend mitbestimmt.

Metall: Stoff mit guter elektrischer und Wärmeleitfähigkeit, in Säuren löslich; gibt dabei Elektronen an die Wasserstoff-Ionen der Säure ab. Es entstehen Kationen und Wasserstoffgas.

Neutralisation: Eine *Base* (aus einem Kation und einem Hydroxyl-Ion) bildet zusammen mit einer *Säure* (aus einem Wasserstoff-Ion und dem Säurerest-Ion, dem Anion) ein Salz und Wasser. Wasser kommt durch die Vereinigung von Wasserstoff- und Hydroxyl-Ionen zustande, die Säure wird neutralisiert.

Oxidation: Vorgang, bei dem chemische Elemente oder Verbindungen *Elektronen* abgeben und damit positiv geladen werden. (Früher nur: Reaktionen mit Sauerstoff.)

Oxidationsmittel: Stoffe, die Elektronen aufnehmen können (früher: Sauerstoff abgeben können) und dabei reduziert werden.

Oxidationsstufe (-zahl): Zahl der positiven oder negativen Ladungen eines Atoms oder einer Atomgruppe (Verbindung) – sowohl bei Ionen als auch in Verbindungen. Beispiele: Fe^{3+}, Fe^{2+} (Eisen(III)- und -(II)-Ionen) oder Fe(III) und Fe(II) in Verbindungen. Formal kompensiert der Wasserstoff in Verbindungen eine negative Ladung und der Sauerstoff zwei positive Ladungen. Damit kann rechnerisch die Oxidationsstufe des Partners bestimmt werden; z. B. NO^-_2(Nitrit): für N(III) oder in NO^-_3(Nitrat) für N(V).

pH-Wert: Die Konzentration an Wasserstoff-Ionen in einer wässerigen Lösung wird meist nicht als (molare) Konzentration (bei Wasserstoff ist das Atomgewicht 1, somit 1 Mol/l = 1 g/l), sondern als negativer dekadischer Logarithmus angegeben. Wasser selbst dissoziert in einem sehr geringen Anteil in Wasserstoff- und Hydroxyl-Ionen, bei 25 °C liegen je 10^{-7} (10^{-6} = 1 Millionstel) Mol/l vor. Der negative dekadische Logarithmus dieser geringen Konzentration ist dann 7, einen pH-Wert von 7 besitzt demnach das reine Wasser. Bei Säuren, die den Gehalt an Wasserstoff-Ionen erhöhen, erniedrigt sich dann der pH-Wert, bei Basen ist es umgekehrt: Die Hydroxyl-Ionen der Basen binden die Wasserstoff-Ionen aus dem Wasser, sie verringern die Wasserstoff-Ionen-Konzentration. Ein pH-Wert von 0 liegt vor, wenn die Säure eine Konzentration von 1 Mol/l ($= 10^0$) besitzt, ein pH-Wert von 8 bei einer Base, die um den Faktor 10 mehr Hydroxyl-Ionen abgibt als das Wasser enthält, in dem sie gelöst ist – also bei einer starken (völlig dissoziierten) Base der Konzentration 10^{-6} Mol/l. Bei 1 Mol/l an starker Base im Wasser ergibt sich ein pH-Wert von 14.

Reduktion: Chemisches Element oder Verbindung nimmt Elektronen auf (früher: gibt Sauerstoff ab), es wird damit negativ geladen.

Reduktionsmittel: Stoffe, die Elektronen abgeben können (früher: Sauerstoff aufnehmen können) und dabei oxidiert werden.

Redox-System: Oxidationsmittel und Reduktionsmittel bilden zusammen ein System. Reduktion und Oxidation sind Vorgänge, die immer gekoppelt auftreten. Elektronenabgabe und -aufnahme sind an zwei Stoffe gebunden, da keine freien Elektronen auftreten.

Redox-Paar: Reduktionsmittel und Oxidationsmittel bilden ein für die chemischen Vorgänge (s. *Redox-System*) notwendiges Stoffpaar.
Beispiel: Metall + 2 H^+ → (Metallkation)$^{2+}$ + H_2 (Wasserstoffgas). Das Metall wird oxidiert, das Wasserstoff-Ion reduziert.
Das Metall bildet das Reduktionsmittel, das Wasserstoff-Ion das Oxidationsmittel (hier ohne die Beteiligung von Sauerstoff!).

Salz: Stoffe, die in Kristallen aus Kationen und Anionen zusammengesetzt sind, die dann im Wasser in diese Ionen dissoziieren können.

Säure: Nach der Säure-Base-Theorie von S. ARRHENIUS (s. *Base*) geben Säuren im Wasser gelöst Wasserstoff-Ionen ab – Wasserstoff bildet das H^+. Ion, somit das eigentliche Säure-Ion.

Literatur

BUGGE, Günther: Das Buch der großen Chemiker, 2 Bände, Verlag Chemie, Weinheim/New York, 1979

ENZYKLOPÄDIE Naturwissenschaft und Technik, 5 Bände, Zweiburger Verlag, Weinheim, 1981

Der FISCHER Weltalmanach 1984, Fischer Taschenbuchverlag, Frankfurt, 1983

MEYERS Großes Taschenlexikon, 24 Bände, Bibliographisches Institut, Mannheim/Wien/Zürich, 1983

MOESTA, Haas: Erze und Metalle – ihre Kulturgeschichte im Experiment, Springer-Verlag, Berlin/Heidelberg/New York, 1983

NEUMÜLLER, Otto-Albrecht: Basis-Römpp, Taschenlexikon der Chemie, ihrer Randgebiete und Hilfswissenschaften, 2 Bände, Franckh'sche Verlagshandlung, Stuttgart, 1977

NEUMÜLLER, Otto-Albrecht: Römpps Chemie-Lexikon, 6 Bände, Franckh'sche Verlagshandlung, Stuttgart, 7. Auflage bzw. 8. Auflage seit 1979 (mit zahlreichen Literaturhinweisen zu Büchern und Aufsätzen in Fachzeitschriften)

RÖMPP, Hermann, RAAF, Hermann: Chemie des Alltags, Franckh'sche Verlagshandlung, Stuttgart, 1985

ULLMANNS Enzyklopädie der technischen Chemie, 25 Bände, Verlag Chemie, Weinheim/New York, 1972–1984

Bezugsquellen

Alle erforderlichen Testpapiere und Teststäbchen vom
KOSMOS SERVICE, Postfach 640, 7000 Stuttgart 1
(für eilige Bestellungen und Anfragen: Tel. 0711/2191-251)

Weitere Testpapiere und Teststäbchen von den Herstellerfirmen:
MERCKOQUANT®-Teststäbchen – Bestellung *nur* über die Firma:
VDSF-Verlags- und Vertriebs GmbH, Bahnhofstraße 37, 6050 Offenbach/Main, Tel. 0611/888436
(Prospekt »MERCKOQUANT®-Tests« auch direkt von: E. MERCK, Postfach 4113, 6100 Darmstadt, Tel. 06151/720)
oder die Niederlassungen:
Berlin: Rankestraße 33, 1000 Berlin 30, Tel. 030/2131075
Düsseldorf: Kurfürstenstraße 8, Postfach 5702, 4000 Düsseldorf 1, Tel. 0211/1600 3125
Hamburg: Oehleckerring 22–24, Postfach 620340, 2000 Hamburg 62, Tel. 040/53100137
Hannover: Schützenallee 1, 3000 Hannover 81, Tel. 0511/830985-86
München: Nymphenburger Straße 51, 8000 München 2, Tel. 089/187091
Rhein-Main: Luisenplatz 1 (Merckhaus), Postfach 4119, 6100 Darmstadt 1, Tel. 06151/26196
Stuttgart: Bereich Chemie, Baumschulenweg 2, 7012 Fellbach-Schmiden, Tel. 0711/572455
Österreich: Austro-Merck Gesellschaft mbH, Zimbagasse 5, Postfach 700, A-1147 Wien, Tel. 0222/971611
Schweiz: Merck Brankenberger AG, Fröbelstraße 22, CH-8029 Zürich, Tel. 01/539600

Testpapiere und QUANTOFIX-Teststäbchen durch:
Firma MACHEREY-NAGEL GmbH + Co. KG, Postfach 307, 5160 Düren (Tel. 02421/61071)

Chemikalien
BUNGE Chemie-Versand, Postfach 1136, 2150 Buxtehude
W. OPPELT + K. GRÖNHARDT, Rothenburger Str. 54, 8500 Nürnberg 80
MINDER Lehrmittel, Postfach 1245, 7082 Oberkochen
TOBIFO GmbH, Postfach 260, 6901 Neckarsteinach
NATURALIEN-KABINETT, Langenscheidtstr. 10, 1000 Berlin 62
Dipl.-Chem. Dr. A. WILLMES, Saarbrücker Str. 160, 6604 Saarbrücken-Brebach (s. a. in der Rubrik: Geschäftl. Mitteilungen der Zeitschrift »Kosmos«, Franckh'sche Verlagshandlung)

Sachregister

Abpufferung 102
ADI-Wert 84
aerob 61
Aggressivität 31
AGRICOLA 152
Aktivator 106
Alabaster 65, 95
Alaun 68, 80
Alkaliböden 32
Allergien 146
Amalgam 97
Amalgamverfahren 88
Ammoniak 52 ff.
- Eigenschaften 53
- Geschichtliches 53
- Gewinnung 52
- im Boden 56
- im Test 57
- in der Luft 57
- in Pflanze, Tier und Mensch 56
- in Wässern 55
- Verwendung 54
- Vorkommen 52
Ammoniak-Smoker 56
Ammoniumnitrat 40
Ammonsalpeter 53
amphoter 151, 159
Anämie 120, 164
anaerob 61
Anglesit 157
Anhydrit 66
Anlauffarben 130
Anreicherung (Akkumulation) 20
Antagonisten 105
Antiklopfmittel 161
Antimonnickelkies 139
Antioxidationsmittel 83
Aragonit 96
ARISTOTELES 152
Arsennickelglanz 139
Ätzkalk 99
Auswaschung 20
Azofarbstoff 50
Azurblau 134
Azurit 125

Benzinverbrennung 18
Bahnmetall 161
Base 28
Baryt 65
Bergnickel 143
Berliner Blau 122
BERTHELLOT 61
BESSEMER 115
Bessemer-Birne 115
Bioakkumulation 20
biogene Entkalkung 104
Bioleaching-Verfahren 129
Biomasse 17
Biotop 20
Biozönose 20
Bittersalz 64, 95, 100
BLACK 100
Blautrub 122
Blei 157 ff.
- Eigenschaften 159
- Geschichtliches 160
- Gewinnung 158 f.
- im Boden 161 f.
- im Test 164 f.
- im Wasser 162 f.
- in Pflanze, Tier und Mensch 163 f.
- in Schlämmen 161 f.
- Verwendung 161
- Vorkommen 157 f.
Bleiacetat-Papier 64
Bleierde 160
Bleiglanz 157
Bleikrankheit 164
Bleipigment 163
Bleisaum 164
Bleitetraethyl 162
Bleiweiß 161, 164
Bleizucker 159
Blende 58
Blut-Calcium-Spiegel 106
Boden
- Aluminium aus Tonmineralien 30
- Huminstoffe 35
- Krümelstruktur 35
- pH-Werte 32 ff.

- Puffer-Reaktionen 33
- Verbraunung 34, 117
Bodenanzeiger 32
BOYLE 9, 27
Bremer Blau 134
Bronze 133
Buntkupferkies 125

Caeruloplasmin 137
Calcit 95
Calcitonin 105
Calcium 94 ff.
- Eigenschaften 98
- Geschichtliches 99
- Gewinnung 97
- im Boden 102
- im Test 106
- in Pflanze, Tier und Mensch 105
- Verbindungen 99 f.
- Verwendung 100
- Vorkommen 94 ff.
Calciumcarbonat 40
CAVENDISH 27, 44
Cerussit 157 f.
Chilesalpeter 39
Chlor 85 ff.
- Eigenschaften 89
- Geschichtliches 90 f.
- Gewinnung 88
- im Test 94
- in Pflanze, Tier und Mensch 92 f.
- Verwendung 91
Chlorakne 164
Chloralkalielektrolyse 88
Chlorgas 93
Chlorid 85 ff.
- Eigenschaften 89
- Geschichtliches 90
- Verwendung 91
- Vorkommen 85 f.
Chlorknallgas 88
Chlorung des Wassers 92
Chlorwasser 89
Clostridium botulinus 49

Chlorophyll 105
CRONSTEDT 142

DAVY 90, 97, 100
Denitrifikation 26, 45, 47
Desinfektion 92
DIOSCURIDES 76, 99
Dolomit 65, 95 f.
Doppelspat 95
DSHABIR-IBN-HAYYAN 43, 54
Düngung 46

Eisen 108 ff.
– Aufbereitung 126
– Eigenschaften 112
– Geschichtliches 114
– Gewinnung 110 f.
– im Boden 117 f.
– im Test 123
– im Wasser 118
– Verbindungen 113
– Verwendung 115
– Vorkommen 108 f.
Eisenbakterien 119
Eisenerzförderung 109
Eisengallustinte 115
Eisenkies 74
Eisenmennige 115
Eisenocker 115
Eisenresorption 121
Eisensäuerling 119, 122
Eisenverlust 122
Elektrolyse 97
Elemente, essentielle 13
–, toxische 14
Emission 18
– Schwefeldioxid 81
– Zink 154
Emittenten 18
Enteisenung 119
Entkalkung 34
–, biogene 104
Epsomsalz 65
Erdalkalien 94 ff.
– Geschichtliches 100
Erdboden 16
Erdkruste,-mantel 12
essentiell 13
Estrichgips 67

Fahlerz 58
FARADAY 144
Farbreaktionen 9
Faulgas 63
FEIGL 9
Feinzink 150
Feldanalytik 12
Ferritin 122
Flotation 126
Formebene 110
Formengas 110
Frischen 115
Fruchtsäuren 35

Galena 148
Galmei 132, 148, 152 f.
galvanisches Vernickeln 144
Galvanotechnik 134
Gangart 126
GEBER 43, 54, 68
Gelbnickelkies 139
Geruchsschwelle 59
Gesamthärte 103, 107
Gesteinskruste 15
Gestelle 112
Gewässer, Selbstreinigungskraft 47
Gicht 112
Gips 64
Gipsbeton 67
Gipsmörtel 67
Glanz 58
GLAUBER 44, 68, 90
Glaubersalz 64, 70
GLEITNER 144
Glutamin 56
GOETHE 44, 77
Goethit 117
GOTTSCHED 152
GRIMM 100
Gußeisen 115

HABER 54
Haber-Bosch-Verfahren 40, 54
Halogen 85
Halophyten 92
Hämatit 117
Hämocuprein 137
Hämocyanin 136
Hämoglobin 48, 120

Harnstoff 55
Härte des Wassers 103 f.
Härtebildner 103
Härtegrade 105
HEBEL 68
Heidemoor-Krankheit 135, 137
HERDER 44
HERODOT 121
Hirschhornsalz 53
Hochofenprozeß 110 f.
HOMER 76
Huminstoffe 35
Hydrierung, katalytische 130
Hydrogencarbonat 102
Hydrolyse 30
Hydroxyapatit 105
Hydroxyl-Ion 28
Hypochlorit 88
hygroskopisch 151

Immission 18, 82
Insulin 155
Ionenaustausch 33

Kalisalzschichten 86
Kalk 95, 117
– Geschichtliches 99
– Gewinnung 98
– Löschen von 99
– ungelöschter 99
Kalkerde 98
Kalkflieher 32
Kalkpflanzen 32
Kalkschiefer 96
Kalksinter 96
Kalkstein 95 f., 98
Kalktuff 96
Karnallit 85
Karlsbader Salz 70
Katalysator 52
Kies 58
Kieserit 95
KIPP 59
Kippscher Apparat 59
Kochsalz 93
Kohlensack 110
Kohlensäure 31
– aggressive 105
– Assimilation 104
Kohleverbrennung 18

173

Konversationssalpeter 41
Konverter 127
Kreide 95 f.
Kreislauf
–, anthropogener 13
– chemische Elemente 12 ff.
– Schwefel 21 ff.
– Stickstoff 24 f.
Kristallwasser 66
Krümelstruktur 35, 103, 117
Kupfer 124 ff.
– Eigenschaften 129 f.
– Geschichtliches 131 f.
– Gewinnung 126
– im Boden 134 f.
– im Test 138 f.
– im Wasser 135 f.
– in Pflanze, Tier und Mensch 136 f.
– Verwendung 133
– Vorkommen 124 f.
– Weltverbrauch 125
Kupferglanz 125
Kupferhammerschlag 130
Kupferkies 125
Kupfer-Nickel-Feinstein 140
Kupferrot 129
Kupferrubinglas 134
Kupplungsreaktion 50

Lagermetall 161
Lasurblau 134
LAVOISIER 27, 44, 77, 100
Lebensmittel-Zusatzstoff-Zulassungsgesetz 83
Lehm 117
LEMERY 60
Lepidokrokit 117
LIEBIG 44, 54
LIBAVIUS 60, 68, 90, 152

Magnesit 95
Magnesium 94 ff.
– Eigenschaften 98
– Gewinnung 97
– im Boden 102
– im Test 106
– in Pflanze, Tier und Mensch 105
– Verbindungen 100 f.
– Verwendung 101

– Vorkommen 94 ff.
Magnetkiese 139
MAK-Wert 63
Malachitgrün 125, 134
Manganknollen 140
MARGGRAF 152
Marmor 95 f.
Mauersalpeter 39
Meerschaum 95
MEGENBERG 76
Mennige 161, 164
Mercaptane 64
Mergel 96, 117
Messing 133
MIK-Werte 82
Mikronährstoff 119, 136
Mineralisierung 17
Mineralstoffe 13
Mobilisierung 20, 146
Mobilität 118
MOND 141
Mond-Verfahren 141
Monelmetall 140
Moorwässer 62
Myoglobin 49, 120

Nahrungskette, aquatische 20
–, terrestrische 20
Naßdeposition 18
Natriumchlorid, Gewinnung 87
Nekrose 83
Neusilber 133, 143, 146
Neutralisation 102
Nickel 139 ff.
– Eigenschaften 142
– Geschichtliches 142
– Gewinnung 140 f.
– im Boden 144 f.
– im Test 148
– im Wasser 145 f.
– in Pflanze, Tier und Mensch 146 f.
– Verwendung 144
– Vorkommen 139 f.
Nickelsalze, Eigenschaften 142
Nickelsilber 143
Nickelstäube 147
Nickeltetracarbonyl 141, 147

Niederschlagsdeposition 145
Nirosta 146
Nitrat 38 ff.
– als Düngemittel 44
– Eigenschaften 41 f.
– Geschichtliches 43 f.
– Gewinnung 39 f.
– im Boden 45
– im Test 50 f.
– im Wasser 47
– in Pflanze, Tier und Mensch 48 ff.
– Verwendung 44 f.
Nitrifikation 24, 32, 38
Nitrit 47 ff.
– im Test 50 f.
– im Wasser 47
– in Pflanze, Tier und Mensch 48 ff.
Nitrosamine 49

Ökosysteme 20
Olivin 95
osmotischer Druck 92
Ostwald-Verfahren 44
Oxidationsvorgänge 43
Oxidhydrate 117

Packfong 143 f.
PARACELSUS 152 f.
Parathormon 105
Passivierung 150
Patina 130
pH-Wert 28 ff.
– im Boden 32 ff.
Plastocyanin 136
Pökelsalz 45
Pökelung 49
PRIESTLEY 77, 90
Pseudokrupp 82
Pseudomalachit 125
Puffer-Reaktionen 33
Pufferungsvermögen 33
Pyrit 62, 74

Raffinationsverfahren, elektrolytisches 128
Rast 110
Recycling 129
Redox-Paar 113
Redox-System 113